JN265356

中学3年分の数学が1週間でいとも簡単に解けるようになる本

わかる!
解ける!
身につく!

立田 奨
（たつた　しょう）

はじめに

「実力テストや模試があるので,3年間の復習をパパッと終わらせたい」
「大人になった今,もう一度だけ中学の数学を簡単にやり直したい」
「頭の体操に,毎日少しずつでも数学の問題を解いておきたい」

このようなお悩みをもつ中学生,社会人の皆さんには,是非とも本書を手にとっていただきたいと思います。本書をお読みいただくと,中学3年分の数学を「わずか1週間で」スイスイ学び直すことができるからです。

「でも中学3年分の数学ともなると範囲が広いし,そんな短期間で簡単に復習できるなんて無理でしょう……」

こう感じる人もいるかもしれませんね。ですが,ご安心ください。
中学3年分の数学を復習するといっても,教科書を端から端まで重箱のスミをつつくようにして勉強しなければならない,というわけではありません。重要なポイントだけを効率よく,必要最小限におさえていけばよいのです。

中学3年間で学ぶ数学を学年別に,教科書に出てくる順番にまとめると以下のようになります。

中学1年
1. 正の数と負の数
2. 文字と式
3. 1次方程式
4. 比例と反比例
5. 平面図形
6. 空間図形
7. 資料の活用

中学2年
1. 式の計算
2. 連立方程式
3. 1次関数
4. 平行と合同
5. 三角形と四角形
6. 確率

中学3年
1. 多項式
2. 平方根
3. 2次方程式
4. 関数 $y=ax^2$
5. 相似な図形
6. 三平方の定理
7. 円
8. 標本調査

このように内容は多岐にわたっています。そこで本書では，皆さんが学びやすいように「ちょっとした工夫」をこらしてみました。

中学1年の「正の数と負の数」「文字と式」「1次方程式」を学んだあとは，中学2年の「式の計算」「連立方程式」へと進み，続いて中学3年の「多項式」「平方根」「2次方程式」へと進みます。

こうすることで，各学年で習う計算問題の分野を「系統立てて効率よく」学び直すことができるからです。

同じようにして，中学1年の「比例と反比例」，中学2年の「1次関数」，中学3年の「関数 $y=ax^2$」の順番で進めて，中学3年間で学ぶ関数を一気に網羅します。

本書で進める順番は教科書通りではなく，皆さんが効率よく学べるようにアレンジしています。そして解説では難解な専門用語はできるだけ控え，やさしい言葉で置き換えるよう心がけました。

問題を解く際にはノートを用意し，実際にご自身の手で計算式を書きすすめてください。図形の絡む問題では，フリーハンドでもかまいませんので図も書いてみてください。より理解が深まることでしょう。本書を読むことに加え，実際にご自身で解き進めることで，学びの効果はグッと上がります。

それでは，中学3年分の数学復習7日間の旅，スタートです！

立田奨

本書には，「先生」と中学生の「遼太（りょうた）くん」が登場します。
「先生」が「遼太くん」に大事なポイントを教える形式をとっていますので，読者の皆さんも，ご自分を「遼太くん」に重ね合わせながら読んでみて下さい。

先生＝　　　　遼太くん＝　　，　　，

中学3年分の数学が1週間でいとも簡単に解けるようになる本 目次

はじめに

1日目　正負の数から連立方程式

1時限目　正負の数の加法，減法
〜数直線を使うと「直観的」にわかる！〜 ………………… 10

2時限目　四則の計算
〜計算には優先順位がある！〜 ……………………………… 16

3時限目　文字と式
〜かけ算を省略して「スタイリッシュ」に表す！〜 ……… 24

4時限目　1次方程式
〜わからないものを「x」とおく ………………………… 30

5時限目　連立方程式
〜ツルとカメの計算とは？〜 ………………………………… 36

2日目　いろいろな計算問題

1時限目　式の展開
〜整理されたものを「バラバラ」にする〜 ………………… 44

2時限目　因数分解
〜バラバラになったものを，整理してまとめる〜 ………… 52

3時限目	平方根
	〜2乗すると3になるものは？〜 ………………………………… 58

4時限目	2次方程式
	〜x^2 が登場する方程式〜 ……………………………………… 66

5時限目	解の公式
	〜どんな2次方程式でも瞬時に解決できる「魔法の杖」〜 … 72

3日目　関数

1時限目	関数
	〜あなたが変われば，私も変わる!?〜 ……………………… 78

2時限目	比例
	〜x が2倍，3倍になれば，y も2倍，3倍になる〜 …… 82

3時限目	反比例
	〜x が2倍，3倍になると，y は $\frac{1}{2}$ 倍，$\frac{1}{3}$ 倍になる〜 ……… 88

4時限目	1次関数
	〜比例が「下駄」を履いて浮きました〜 …………………… 94

5時限目	2次関数
	〜放物線を描き，急速に変化する〜 ………………………… 100

4日目　平面図形・空間図形

1時限目	おうぎ形の面積
	〜1台の誕生日ケーキを，家族で分け合いました〜 …… 108

2時限目	多角形の内角と外角
	〜三角形に分割して考えるとカンタンだ！〜 ……………… 114

3時限目	平行線と角
	〜バッテンのお向かいさんは，同じ角度になる〜 ……… 120
4時限目	円の角度
	〜弧の長さが一定なら，角度も一定〜 …………………… 126
5時限目	三平方の定理と空間図形
	〜直角三角形の長さを求める〜 ………………………… 132

5日目 図形の証明

1時限目	三角形の合同
	〜図形版「ウォーリーを探せ」〜 ……………………… 140
2時限目	三角形の相似
	〜三角形を拡大・縮小コピーしました〜 ……………… 146
3時限目	仮定と結論
	〜△△△ならば□□□である〜 ………………………… 152
4時限目	図形の証明
	〜数学なのに，まるで作文みたい〜 …………………… 158
5時限目	相似の証明
	〜登場人物・根拠・相似条件の3ステップで作文〜 …… 164
6時限目	平行四辺形の性質
	〜対辺・対角・対角線に注目せよ！〜 ………………… 170
7時限目	等積変形
	〜形を変えても，面積はそのまま〜 …………………… 176

6日目 確率

- 1時限目 確率
  〜コインを投げたとき，表面(おもてめん)が出る確率は？〜 …………… 184

- 2時限目 樹形図
  〜もれなく・重複なく数え上げる〜 ……………………… 190

- 3時限目 いろいろな確率
  〜確率問題の応用編〜 ……………………………………… 196

7日目 資料の散らばり・標本調査

- 1時限目 資料の整理
  〜ボクシングのように「階級で」分ける〜 ……………… 204

- 2時限目 資料の代表値
  〜全体の特徴をわかりやすく示してくれる〜 …………… 212

- 3時限目 近似値と有効数字
  〜数字が細かいときは，およその数が便利〜 …………… 218

- 4時限目 標本調査と全数調査
  〜一部だけを取り出して，全体を類推する〜 …………… 224

- 5時限目 標本調査の活用
  〜割合計算によって，全体を類推する〜 ………………… 228

おわりに

カバーデザイン　株式会社ヴァイス　目黒　眞

1日目

正負の数から連立方程式

中学数学のキホンは「正負の数」と「文字式」です。これら2つの分野をおさらいして、「計算のイロハ」を身につけることから始めましょう。

そして次は、1次方程式と連立方程式に進みます。方程式を苦手に感じる方も多いと思いますが、計算パターンはさほど多くありません。

パターン別に紹介しますので、どうかご安心ください。この1日目の内容で、中学2年生までに習う計算問題を復習することができるのです！

1時限目 正負の数の加法，減法

1日目

～数直線を使うと「直観的」にわかる！～

😣 正の符号＋だけの計算はわかるけど，
負の符号－が出てくると頭がゴチャゴチャになってくる……。
先生，何かいい方法はあるのかな？

😊 大丈夫ですよ，遼太くん。
習いたての頃は難しく感じてしまいますよね。
ではまず，＋と－を使ったたし算（加法）の計算から。
下記の4ルールを押さえれば大丈夫です。

① $(+△)+(+□) = △+□$

② $(+△)+(-□) = △-□$ ＋と－が戦うと，－が勝つ

③ $(-△)+(+□) = -△+□$

④ $(-△)+(-□) = -△-□$ ＋と－が戦うと，－が勝つ

😊 （　　）のはずし方をこの①～④のルールに従って，
さらに数直線を使うと正と負の計算が理解しやすくなります。

例題

つぎの計算をしてください。
$(-3)+(-5)$

答と解説

$(-3)+(-5)$	ルール④で（ ）をはずす
$=-3-5$	
$=???$	

😖 先生……。
（ ）をはずしたけど，この先はどうすればいいんだろう。

🤓 ここで数直線を使うと，計算方法が直観的にわかりますよ。-3 からスタートして，ここから -5 進めばいいのです。数直線では＋が右方向，－が左方向に進むのでしたね。

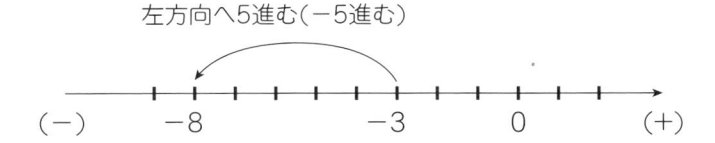

左方向へ5進む（－5進む）

$(-)$　　-8　　　　-3　　　　0　　　$(+)$

$(-3)+(-5)$	ルール④で（ ）をはずす
$=-3-5$	-3 から，左に 5 進める
$=-8$	

練習　正負の数〜加法〜

つぎの計算をしてください。
① (+3)+(+6)
② (+6)+(-4)
③ (-12)+(-7)

キーワード
○加法…たし算のこと
○数直線…数字を直線上に対応させたもの

ここがコツ
① $(+\triangle)+(+\square)=\triangle+\square$
② $(+\triangle)+(-\square)=\triangle-\square$
③ $(-\triangle)+(+\square)=-\triangle+\square$
④ $(-\triangle)+(-\square)=-\triangle-\square$

答と解説

① (+3)+(+6)
= $\underset{スタート}{3}$ $\underset{右に6進む}{+6}$
= 9

$(+\triangle)+(+\square)=\triangle+\square$

② (+6)+(-4)
= $\underset{スタート}{6}$ $\underset{左に4進む}{-4}$
= 2

$(+\triangle)+(-\square)=\triangle-\square$

③ (-12)+(-7)
= $\underset{スタート}{-12}$ $\underset{左に7進む}{-7}$
= -19

$(-\triangle)+(-\square)=-\triangle-\square$

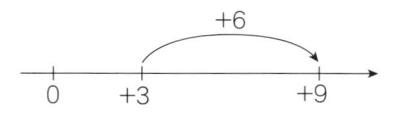

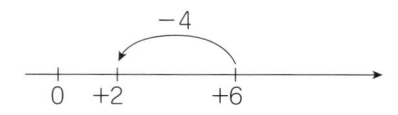

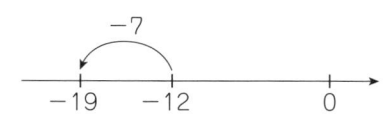

実践　正負の数〜加法〜

つぎの計算をしてください。

① $\left(+\dfrac{1}{3}\right)+\left(+\dfrac{3}{4}\right)$

② $(-5)+(+7)$

③ $(-2.5)+(-4.1)$

答と解説

① $\left(+\dfrac{1}{3}\right)+\left(+\dfrac{3}{4}\right)$

$= \underset{\text{スタート}}{\dfrac{1}{3}} \quad \underset{\text{右に}\dfrac{3}{4}\text{進む}}{+\dfrac{3}{4}}$

$= \dfrac{4}{12} + \dfrac{9}{12}$

$= \dfrac{13}{12}$

$(+\triangle)+(+\square)=\triangle+\square$

通分する

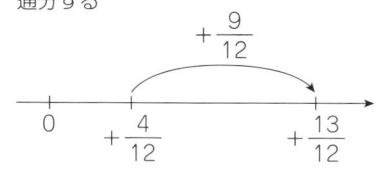

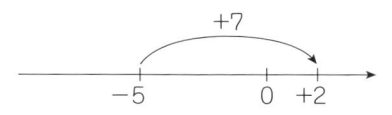

② $(-5)+(+7)$

$= \underset{\text{スタート}}{-5} \quad \underset{\text{右に}7\text{進む}}{+7}$

$= 2$

$(-\triangle)+(+\square)=-\triangle+\square$

③ $(-2.5)+(-4.1)$

$= \underset{\text{スタート}}{-2.5} \quad \underset{\text{左に}4.1\text{進む}}{-4.1}$

$= -6.6$

$(-\triangle)+(-\square)=-\triangle-\square$

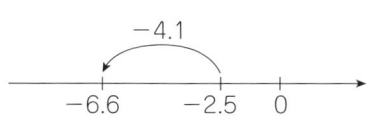

練習　正負の数〜減法〜

つぎの計算をしてください。
① $(+3)-(+5)$
② $(-2)-(+8)$
③ $(-4)-(-2)$

キーワード　　○減法…ひき算のこと

ここがコツ
① $(+△)-(+□)=△-□$
② $(+△)-(-□)=△+□$
③ $(-△)-(+□)=-△-□$
④ $(-△)-(-□)=-△+□$

答と解説

① $(+3)-(+5)$
$= \underset{\text{スタート}}{3} \quad \underset{\text{左に5進む}}{-5}$
$= -2$

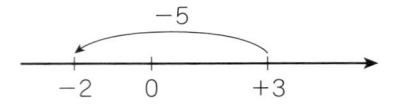

$(+△)-(+□)=△-□$

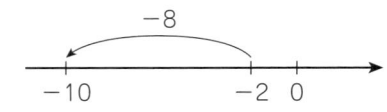

② $(-2)-(+8)$
$= \underset{\text{スタート}}{-2} \quad \underset{\text{左に8進む}}{-8}$
$= -10$

$(-△)-(+□)=-△-□$

③ $(-4)-(-2)$
$= \underset{\text{スタート}}{-4} \quad \underset{\text{右に2進む}}{+2}$
$= -2$

$(-△)-(-□)=-△+□$

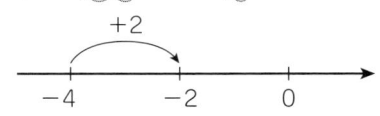

実践　正負の数〜減法〜

つぎの計算をしてください。

① $\left(+\dfrac{2}{3}\right)-\left(+\dfrac{1}{5}\right)$

② $(-0.3)-(+0.6)$

③ $(-7)-(-4)-3$

答と解説

① $\left(+\dfrac{2}{3}\right)-\left(+\dfrac{1}{5}\right)$

$= \dfrac{2}{3} - \dfrac{1}{5}$

$= \dfrac{10}{15} - \dfrac{3}{15}$

$= \dfrac{7}{15}$

$(+\triangle)-(+\square)=\triangle-\square$

15 で通分する

② $(-0.3)-(+0.6)$

$= \underset{\text{スタート}}{-0.3} \quad \underset{\text{左へ 0.6 進む}}{-0.6}$

$= -0.9$

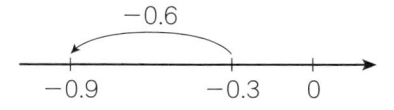

$(-\triangle)-(+\square)=-\triangle-\square$

③ $(-7)-(-4)-3$

$= -7 \quad +4 \quad -3$

$= \underset{\text{スタート}}{-3} \quad \underset{\text{左へ 3 進む}}{-3}$

$= -6$

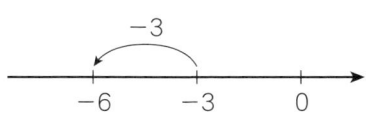

（ ）をはずす

$-7+4$ を先に計算する

1日目　正負の数から連立方程式

1日目 2時限目 四則の計算

～計算には優先順位がある！～

> 正と負のたし算ひき算はできるようになったよ。
> 例えばかけ算はどんなルールになってるのかな？

> たし算（加法）やひき算（減法）と同じように，
> かけ算（乗法）も次の4ルールに従えば大丈夫です。

① $(+\triangle) \times (+\square) = \triangle \times \square$	＋と＋をかけると＋になる
② $(+\triangle) \times (-\square) = -\triangle \times \square$	＋と－をかけると－になる
③ $(-\triangle) \times (+\square) = -\triangle \times \square$	－と＋をかけると－になる
④ $(-\triangle) \times (-\square) = \triangle \times \square$	－と－をかけると，反転して＋になる

> **例題**

つぎの計算をしてください。
① $(+5) \times (+3)$
② $(+8) \times (-2)$
③ $(-0.7) \times (+1.3)$
④ $\left(-\dfrac{2}{3}\right) \times \left(-\dfrac{4}{5}\right)$

答と解説

① $(+5) \times (+3)$
$= 5 \times 3$
$= 15$

$(+\triangle) \times (+\square) = \triangle \times \square$

② $(+8) \times (-2)$
$= -8 \times 2$
$= -16$

$(+\triangle) \times (-\square) = -\triangle \times \square$

③ $(-0.7) \times (+1.3)$
$= -0.7 \times 1.3$
$= -0.91$

$(-\triangle) \times (+\square) = -\triangle \times \square$

④ $\left(-\dfrac{2}{3}\right) \times \left(-\dfrac{4}{5}\right)$
$= \dfrac{2}{3} \times \dfrac{4}{5}$
$= \dfrac{8}{15}$

$(-\triangle) \times (-\square) = \triangle \times \square$
答えは+になる

練習　累乗計算

つぎの計算をしてください。
① 5^2
② $(-4)^2$
③ -4^2

キーワード
○累乗…同じ数字をくり返しかけ算すること
○指数…$△^2$ の右肩についている数字

ここがコツ
$$\begin{cases} △^2 = △ × △ \\ -△^2 = -(△ × △) \end{cases}$$

答と解説

① $5^2 = 5 × 5$
　　　$= 25$

$△^2 = △ × △$

② $(-4)^2 = (-4) × (-4)$
　　　　　$= 16$

$△^2 = △ × △$
−と−をかけると＋になる

③ $-4^2 = -(\underline{4 × 4})$
　　　$= -\ \underline{16}$

$-△^2 = -(△ × △)$

18

実践　累乗計算

つぎの計算をしてください。
① $(-7) \times 5^2$
② $(-2)^3$
③ $-2^3 \times (-5)^2$

答と解説

① $(-7) \times 5^2 = (-7) \times \underline{5 \times 5}$
　　　　　　　　　　　　　↓
　　　　　$= (-7) \times \underline{25}$
　　　　　$= -175$

$△^2 = △ \times △$

－と＋をかけると－になる

② $(-2)^3 = \underline{(-2) \times (-2)} \times (-2)$
　　　　　　　　　↓
　　　$= \quad \underline{4} \quad \times (-2)$
　　　$= \quad -8$

$△^3 = △ \times △ \times △$

＋と－をかけると－になる

③ $\underline{-2^3} \quad\quad \times \underbrace{(-5)^2}$
$= \underline{-(2 \times 2 \times 2)} \times \underbrace{(-5) \times (-5)}$
$= -\ 8 \quad\quad \times \ 25$
$= -200$

$\begin{cases} -2^3 = -(2 \times 2 \times 2) = -8 \\ (-5)^2 = (-5) \times (-5) = 25 \end{cases}$

－と＋をかけると－になる

練習　正負の数〜除法〜

つぎの計算をしてください。
① $(+42) \div (-7)$
② $\left(-\dfrac{3}{5}\right) \div \left(+\dfrac{3}{10}\right)$

キーワード
○除法…わり算のこと
○逆数…かけ算すると1になる数　$\dfrac{\square}{\triangle}$ の逆数は $\dfrac{\triangle}{\square}$

ここがコツ
$\triangle \div \square = \triangle \times \dfrac{1}{\square}$
わり算がきたら「逆数」をかける

答と解説

① $(+42) \div (-7)$
$= (+42) \times \left(-\dfrac{1}{7}\right)$
$= -6$

　　－7の逆数は $-\dfrac{1}{7}$
　　＋と－をかけると－になる
　　約分する

② $\left(-\dfrac{3}{5}\right) \div \left(+\dfrac{3}{10}\right)$
$= \left(-\dfrac{3}{5}\right) \times \left(+\dfrac{10}{3}\right)$
$= -2$

　　$+\dfrac{3}{10}$ の逆数は $+\dfrac{10}{3}$
　　－と＋をかけると－になる
　　約分する

実践　正負の数〜除法〜

つぎの計算をしてください。
① $(-6) \div (+2)$
② $\left(-\dfrac{5}{8}\right) \div (-2)$
③ $(-0.75) \div 0.5$

答と解説

① $(-6) \div (+2)$
$= (-6) \times \left(+\dfrac{1}{2}\right)$
$= -3$

　　　　　　　　　　+2の逆数は$+\dfrac{1}{2}$
　　　　　　　　　　約分する

② $\left(-\dfrac{5}{8}\right) \div (-2)$
$= \left(-\dfrac{5}{8}\right) \times \left(-\dfrac{1}{2}\right)$
$= \dfrac{5}{16}$

　　　　　　　　　　-2の逆数は$-\dfrac{1}{2}$
　　　　　　　　　　-と-をかけて+になる

③ $(-0.75) \div 0.5$
$= \left(-\dfrac{75}{100}\right) \div \dfrac{5}{10}$
$= \left(-\dfrac{75}{100}\right) \times \dfrac{10}{5}$
$= -\dfrac{3}{2}$

　　　　　　　　　　小数を分数になおす
　　　　　　　　　　$\dfrac{5}{10}$の逆数は$\dfrac{10}{5}$
　　　　　　　　　　約分する

1日目　正負の数から連立方程式

| 練習 | 四則計算 |

つぎの計算をしてください。
① $16+2\times(-4)$
② $12\div(-2)-6$
③ $5+(-3)^2\times(-8)$

| 🔑 キーワード | ○四則計算…加法，減法，乗法，除法の４つを使う計算 |

| 💡 ここがコツ | 計算の優先順位 | ①かけ算・わり算
②たし算・ひき算 |

答と解説

① $16+\underline{2\times(-4)}$

$= 16+\underline{(-8)}$ かけ算を先に計算する

$= 8$ 次にたし算

② $\underline{12\div(-2)}-6$

$= \underline{-6} \quad -6$ わり算を先にする

$= -12$ 次にひき算

③ $5+\underline{(-3)^2}\times(-8)$

$= 5+\underline{9}\times(-8)$ まず累乗計算

$= 5-72$ 次にかけ算

$= -67$ 最後にひき算

実践　四則計算

つぎの計算をしてください。
① $12 \div (-4) + (-2) \times 3$
② $\dfrac{4}{5} - \left(-\dfrac{1}{2}\right) \times \dfrac{2}{5}$
③ $(-2^3) \div 4 + (-6^2) \div (-3)^2$

答と解説

① $12 \div (-4) + (-2) \times 3$
$= \quad -3 \quad + \quad (-6)$
$= -9$

わり算，かけ算を先に計算する

次にたし算

② $\dfrac{4}{5} - \left(-\dfrac{1}{2}\right) \times \dfrac{2}{5}$
$= \dfrac{4}{5} - \left(-\dfrac{1}{5}\right)$
$= \dfrac{4}{5} + \dfrac{1}{5}$
$= 1$

かけ算を先に計算する

次にひき算

$\dfrac{5}{5} = 1$

③ $(-2^3) \div 4 + (-6^2) \div (-3)^2$
$= (-8) \div 4 + (-36) \div 9$
$= \quad (-2) \quad + \quad (-4)$
$= -6$

$-2^3 = -8$，$-6^2 = -36$，$(-3)^2 = 9$

わり算を先に計算する

次にたし算

1日目
3時限目 文字と式

～かけ算を省略して「スタイリッシュ」に表す！～

😣 $6x$ や $\dfrac{3}{5}a$, $7ab^2$ のように，
数字とアルファベットが一緒になって出てくると
意味がわからなくなっちゃう……。

🧑‍🏫 多くの人が中学数学でつまずいてしまう「文字と式」ですね。
でも安心してください，遼太くん。
ここで押さえておくべきポイントはたった2つだけです。

① 文字をかけ算するときは「×」を省略する

$6 \times x = 6x$　　　　　　　　　数字を先に書く

$x \times y = xy$　　　　　　　　　アルファベット順に

$7 \times a \times b \times b \times b = 7ab^3$　　　　　b を3回かけているので b^3

2 文字のわり算は「逆数」をかける

$x \div 4 = x \times \dfrac{1}{4}$
$ = \dfrac{1}{4}x \left[\text{または} \dfrac{x}{4}\right]$

$3a \div 5 = 3a \times \dfrac{1}{5}$
$ = \dfrac{3}{5}a \left[\text{または} \dfrac{3a}{5}\right]$

$x \div (-7) = x \times \left(-\dfrac{1}{7}\right)$
$ = -\dfrac{1}{7}x \left[\text{または} -\dfrac{x}{7}\right]$

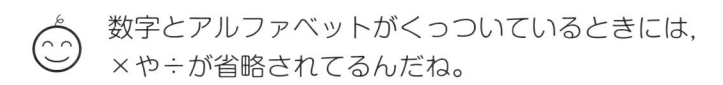

> 数字とアルファベットがくっついているときには、×や÷が省略されてるんだね。

> その通りです、遼太くん。
> ここで1つだけ注意点があります。
> ×や÷は省略しますが、＋や－は省略せずそのまま残します。

$6 \times x \xRightarrow{\text{省略}} 6x$

$6 + x \xRightarrow{\text{そのまま}} 6+x$

$6 - x \xRightarrow{\text{そのまま}} 6-x$

練習　文字式で表す

つぎの数量を，文字を用いて表してください。
① 半径が r の円周
② 底辺が a，高さが h の三角形の面積 S
③ a 円の 13 %

キーワード
○文字式…アルファベット a や b, x や y を使った数式
○π …円周率 3.14 のこと。文字の中では先頭にもってくる

ここがコツ　ことばの式を作る⇒数式になおす

答と解説

① 円周＝直径×3.14
　　　＝2×半径×3.14
　　　＝2× r × π
　　　＝$2\pi r$

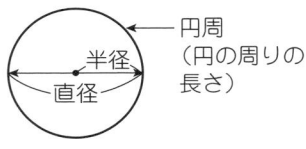

π は文字の中で先頭にもってくる

② 三角形の面積＝底辺×高さ÷2
　　S　　＝ a × h ÷2
　　S　　＝$\dfrac{1}{2}ah$

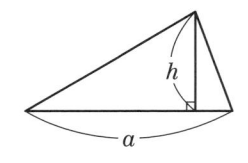

③ 100円の13％は13円

$$100円 \times \dfrac{13}{100} = 13円$$

100 円を a 円に置き換えると

$$a円 \times \dfrac{13}{100} = \dfrac{13}{100}a \text{（円）}$$

数字や文字がややこしければ，自分の知ってる簡単なものに置き換える

実践　文字式で表す

つぎの数量を，文字を用いて表してください。
① 半径が r の円の面積 S
② 原価 a 円の品物に，2割の利益をつけた定価
③ 時速 3km の速さで a 時間歩いたときの道のり

答と解説

① 円の面積＝半径×半径×3.14
$$S = r \times r \times \pi$$
$$S = \pi r^2$$

ことばの式で表す

π は文字の先頭にもってくる

② 数字や文字がややこしければ，
簡単なものに置きかえる。

たとえば，原価 1000 円の品物に，
2割の利益をつけた定価で考えてみる。

$$\boxed{1000円} + \frac{20}{100} \times \boxed{1000円} = 1200円$$
　　原価　　　　　利益　　　　　　定価

1000 円を a 円に置き換えると

$$\boxed{a円} + \frac{20}{100} \times \boxed{a円} = \frac{120}{100}a$$
$$= \frac{6}{5}a \text{（円）}$$

原価＋利益＝定価

$$a + \frac{20}{100}a = \frac{100}{100}a + \frac{20}{100}a$$
$$= \frac{120}{100}a$$
$$= \frac{6}{5}a \quad \text{約分}$$

③ 道のり＝　速さ　×時間
　　　　＝3km/時× a 時
　　　　＝$3a$（km）

・道のり＝速さ×時間
・速さ＝道のり÷時間
・時間＝道のり÷速さ

練習　文字式の計算

つぎの計算をしてください。
① $(3a+7)+(5a-1)$
② $3(5x-6)-4(2x-8)$
③ $6 \times \dfrac{x-5}{2}$

キーワード
○同類項…同じ種類の文字　　例）$3a$ と $5a$
○分配法則…文字式の計算で（　）をはずす法則
　$\triangle(\bigcirc \pm \square) = \triangle \times \bigcirc \pm \triangle \times \square$

ここがコツ　同じ種類の文字（同類項）にまとめる。

答と解説

① $(3a+7)+(5a-1)$
$= 3a\ +7\ +5a\ -1$
$= 8a\ +6$

（　）をはずす
同類項にまとめる $\begin{cases} 3a+5a=8a \\ 7-1=6 \end{cases}$

② $3(5x-6)-4(2x-8)$
$= 15x\ -18\ -8x\ +32$
$= 7x\ +14$

分配法則で（　）をはずす
$\triangle(\bigcirc - \square) = \triangle \times \bigcirc - \triangle \times \square$
同類項にまとめる

③ $6 \times \dfrac{x-5}{2}$
$=\ 3\ (x-5)$
$=\ 3x-15$

$6 \times \dfrac{1}{2} = 3$

分配法則で（　）をはずす

実践　文字式の計算

つぎの計算をしてください。
① $(4a+1)-(3a-5)$
② $6(2a+4)-4(1-2a)$
③ $35 \times \left(-\dfrac{2x+1}{5}\right)$

答と解説

① $(4a+1)-(3a-5)$
$= 4a +1 -3a +5$
$= a+6$

分配法則で（　）をはずす
同類項にまとめる $\begin{cases} 4a-3a=a \\ 1+5=6 \end{cases}$

② $6(2a+4)-4(1-2a)$
$= 12a +24 -4 +8a$
$= 20a+20$

分配法則で（　）をはずす
同類項にまとめる $\begin{cases} 12a+8a=20a \\ 24-4=20 \end{cases}$

③ $35 \times \left(-\dfrac{2x+1}{5}\right)$
$= -7(2x+1)$
$= -14x-7$

$35 \times \left(-\dfrac{1}{5}\right) = -7$

分配法則で（　）をはずす

4時限目 1次方程式

1日目

〜わからないものを「x」とおく〜

😣 はじめて方程式を習ったとき,「移項」が納得できなかった。
どうして符号を反対にして移動させるのかな？

$$x + 8 = 14$$

移項 なぜ符号を反対にするのか？

$$x = 14 - 8$$
$$x = 6$$

🧑‍🏫 じつは移項する直前に，1行の式が省略されているのです。
方程式のゴールは「$x = \triangle$」に式変形することですよね。
この式では左辺にある $+8$ がジャマ者になりますので，
ジャマ者を打ち消すために両辺に -8 を加えて解きましょう。

$$x + 8 = 14$$
$$x + \underbrace{8 - 8}_{0 になる} = 14 - 8$$
$$x = 14 - 8$$
$$x = 6$$

さて，解いた式をもう一度見てください。
2行目をカットして，1行目から3行目を見るとどうでしょうか？
まるで＋8が－8に移っているように見えますね。
これが移項の正体です。

$$\begin{aligned} x+8 &= 14 \\ x+8-8 &= 14-8 \\ x &= 14-8 \\ x &= 6 \end{aligned}$$

＋8が左から右へ移動しているように見える

ホントだ〜！
＋8が反対符号の－8になって移動しているように見える！

$$\begin{aligned} x+8 &= 14 \\ x &= 14-8 \\ x &= 6 \end{aligned}$$

納得できましたか，遼太くん。
移項はいちばん最初に学ぶ内容ですが，理解できずにつまずいてしまう人も多いのです。でもここをクリアすれば，この先紹介する色々なパターンの方程式もバッチリ解けますよ。

うん，スッキリしたよ！
方程式って他にどんなパターンがあるのだったかな〜。

練習　1次方程式（1）

つぎの方程式を解いてください。
① $x+3=7$
② $x-4=9$
③ $x+8=-3$

🔑 キーワード　○方程式…等号（＝）を使って数量の関係を表した式

💡 ここがコツ　$x+○=△$
→両辺に$-○$を加えて，ジャマ者を打ち消す

答と解説

① $x+3\ \ \ =7$
　$x+3-3=7-3$　　移項
　$x\ \ \ \ \ \ \ \ =7-3$
　$x\ \ \ \ \ \ \ \ =4$

＋3がジャマなので，
両辺に－3を加えて打ち消す
＋3が左辺から右辺へ移項した

② $x-4\ \ \ =9$
　$x-4+4=9+4$　　移項
　$x\ \ \ \ \ \ \ \ =9+4$
　$x\ \ \ \ \ \ \ \ =13$

－4がジャマなので，
両辺に＋4を加えて打ち消す
－4が左辺から右辺へ移項した

③ $x+8\ \ \ =-3$
　　　　　移項
　$x\ \ \ \ \ \ \ \ =-3-8$
　$x\ \ \ \ \ \ \ \ =-11$

打ち消し法に慣れてきたら，
2行目で移項してみよう！

実践　1次方程式（1）

つぎの方程式を解いてください。
① $x+2=6$
② $x-3=2$
③ $x+4=-5$

答と解説

①
$$\begin{aligned} x+2 &= 6 \\ x+2-2 &= 6-2 \\ x &= 6-2 \\ x &= 4 \end{aligned}$$ （移項）

＋2がジャマなので，
両辺に－2を加えて打ち消す
＋2が左辺から右辺へ移項した

②
$$\begin{aligned} x-3 &= 2 \\ x-3+3 &= 2+3 \\ x &= 2+3 \\ x &= 5 \end{aligned}$$ （移項）

－3がジャマなので，
両辺に＋3を加えて打ち消す
－3が左辺から右辺へ移項した

④
$$\begin{aligned} x+4 &= -5 \\ x &= -5-4 \\ x &= -9 \end{aligned}$$ （移項）

左辺の＋4を右辺に移項する

練習　1次方程式（2）

つぎの方程式を解いてください。
① $4x=8$
② $\dfrac{1}{6}x=2$

キーワード
○逆数…かけ算すると1になる数　$\dfrac{□}{△}$ の逆数は $\dfrac{△}{□}$
○分配法則…文字式の計算で（　）をはずす法則
$△(○±□)=△×○±△×□$

ここがコツ
$△x=○$
→ $△$ の逆数を両辺にかけて打ち消す

答と解説

① 　　$4x=8$

$\boxed{\dfrac{1}{4}}×4x=8×\boxed{\dfrac{1}{4}}$

　　(1)　$x=2$

4の逆数は $\dfrac{1}{4}$

$\dfrac{1}{4}$ を両辺にかける

$1x$ を x とかく

② 　　$\dfrac{1}{6}x=2$

$\boxed{6}×\dfrac{1}{6}x=2×\boxed{6}$

　　(1)　$x=12$

$\dfrac{1}{6}$ の逆数は6

6を両辺にかける

実践　1次方程式（2）

つぎの方程式を解いてください。

① $-\dfrac{2}{3}x = 6$

② $3(2x-4) = 2(x+4)$

③ $\dfrac{x-2}{2} = \dfrac{1}{3}x$

答と解説

① $-\dfrac{2}{3}x = 6$

$\boxed{\left(-\dfrac{3}{2}\right)} \times \left(-\dfrac{2}{3}x\right) = 6 \times \boxed{\left(-\dfrac{3}{2}\right)}$

$x = -9$

$-\dfrac{2}{3}$ の逆数は $-\dfrac{3}{2}$

$-\dfrac{3}{2}$ を両辺にかける

② $3(2x-4) = 2(x+4)$

$6x \boxed{-12} = \boxed{2x} + 8$

$4x = 20$

$x = 5$

分配法則で（ ）をはずす

-12 と $2x$ を移項する

両辺に $\dfrac{1}{4}$ をかける

③ $\dfrac{x-2}{2} = \dfrac{1}{3}x$

$\boxed{6 \times} \dfrac{x-2}{2} = \dfrac{1}{3}x \boxed{\times 6}$

$3(x-2) = 2x$

$3x - 6 = 2x$

$x = 6$

両辺に 6 をかけて，分数を打ち消す

分配法則で（ ）をはずす

移項する

5時限目 連立方程式

1日目

～ツルとカメの計算とは？～

😊 1次方程式の次は連立方程式だね，先生。

🧑‍🏫 前回は $3(2x-4)=2(x+4)$ のように文字が1種類 x のみ登場していました。今回の連立方程式では $5x+2y=16$ のように文字が2種類に増えるのです。

🤔 文字が x と y の2種類に増えるんだね。
じゃあ例えば，どんなときに連立方程式を使うのかな？

🧑‍🏫 そうですね。次のようなときに，連立方程式の出番です。

> 「ツルとカメが合わせて8匹，足の数が合わせて26本ありました。さて，ツルは何羽，カメは何匹それぞれいるでしょうか？」

こうした求めたいものが2つあるときに連立方程式を使います。
ツルとカメをそれぞれ x 羽，y 匹とおいて数式を立てましょう。

$$\begin{cases} ツル + カメ = 8 \\ ツルの足＋カメの足 = 26 \end{cases}$$

ツルとカメが合わせて8だから，
$x+y=8$ だ！
それから足の数が合わせて26だから，
$2x+4y=26$ になるね。

足の数2本 × x羽 　　　足の数4本 × y匹

よくできましたね，遼太くん。
ではこれら2つの式を並べてみましょうか。

$$\begin{cases} x + y = 8 \\ 2x + 4y = 26 \end{cases}$$

これが連立方程式です。
求めたいものが x と y の2種類なので，式も2つ必要なのです。

なるほど。
じゃあこの連立方程式はどうやって解くのかな？
教えて，先生。

| 練習 | 加減法 |

つぎの連立方程式を解いてください。
$$\begin{cases} x+y=8 \\ 2x+4y=26 \end{cases}$$

キーワード
○加減法…2つの式をたし算またはひき算して解く手法
○係数…文字の前につく数字 $2x \to 2$, $4y \to 4$

ここがコツ 係数を揃えてからたし算orひき算する

答と解説

$$\begin{cases} x + y = 8 & \cdots\text{①} \times 2 \\ 2x + 4y = 26 & \cdots\text{②} \end{cases}$$

$$\begin{cases} \boxed{2x} + 2y = 16 & \cdots\text{①}' \\ \boxed{2x} + 4y = 26 & \cdots\text{②} \end{cases}$$

①′−② ↓ ↓ ↓
$$\quad\quad\Box - 2y = -10$$
$$\quad\quad\quad\quad y = 5$$

x の係数を揃えるために
①式を2倍する

①′式から②式をひき算する

これを①式に入れる
$$x + 5 = 8$$
$$x = 3$$

よって, $\begin{cases} x=3 \\ y=5 \end{cases}$

5を入れる
$x + ⓨ = 8$

実践　加減法

つぎの連立方程式を解いてください。

① $\begin{cases} 0.5x - 1.4y = 0.8 \\ -x + 2y = -12 \end{cases}$

② $\begin{cases} \dfrac{x}{5} - \dfrac{y}{2} = 4 \\ x + 2y = -7 \end{cases}$

答と解説

① $\begin{cases} 0.5x - 1.4y = 0.8 & \cdots\cdots \boxed{1} \times 10 \\ -x + 2y = -12 & \cdots\cdots \boxed{2} \times 5 \end{cases}$

$\begin{cases} \boxed{5x} - 14y = 8 & \cdots \boxed{1}' \\ \boxed{-5x} + \triangle{10y} = \bigcirc{-60} & \cdots \boxed{2}' \end{cases}$

$\boxed{1}' + \boxed{2}'$

$ - 4y = -52$

$ y = 13$

これを②式に入れる

$-x + 26 = -12$

$-x = -38$

$x = 38$

よって，$\begin{cases} x = 38 \\ y = 13 \end{cases}$

- ①式を10倍
- x の係数を揃えるため、②式を5倍する
- ①'式と②'式をたし算する

13を入れる
$-x + 2\bigcirc{y} = -12$

② $\begin{cases} \dfrac{x}{5} - \dfrac{y}{2} = 4 & \cdots\cdots \boxed{1} \times 10 \\ x + 2y = -7 & \cdots\cdots \boxed{2} \times 2 \end{cases}$

$\begin{cases} \boxed{2x} - 5y = \bigcirc{40} & \cdots \boxed{1}' \\ \boxed{2x} + \triangle{4y} = \bigcirc{-14} & \cdots \boxed{2}' \end{cases}$

$\boxed{1}' - \boxed{2}'$

$ y = -6$

これを②式に入れる

$x - 12 = -7$

$x = 5$

よって，$\begin{cases} x = 5 \\ y = -6 \end{cases}$

- 分数を打ち消すため、①式を10倍する
- x の係数を揃えるため、②式を2倍する
- ①'式から②'式をひき算する
- $-9y = 54$

練習　連立方程式の文章題

つぎの文章題を解いてください。
郵便物を出すのに 50 円切手と 80 円切手を使います。2 種類を合わせて 13 枚貼り，合計 860 円になるようにします。
2 種類の切手はそれぞれ何枚必要ですか？

ここがコツ

1. 求めたいものを x, y とおく
2. 「ことばの式」で表す
3. 「文字の式」で表す

答と解説

1. 50 円切手，80 円切手の枚数をそれぞれ x 枚，y 枚とおく

2. $\begin{cases} \text{50 円切手の枚数} + \text{80 円切手の枚数} = 13\text{枚} \\ \text{50 円の切手代} + \text{80 円の切手代} = 860\text{円} \end{cases}$

3. $\begin{cases} x + y = 13 \\ 50x + 80y = 860 \end{cases}$

上の連立方程式を解くと
$\begin{cases} x = 6 \\ y = 7 \end{cases}$

よって，答えは
$\begin{cases} \text{50 円切手：6 枚} \\ \text{80 円切手：7 枚} \end{cases}$

---

1. 求めたいものを x, y とおきます

2. 次に「ことばの式」で表します

3. そして「文字の式」で表します

> 単価×枚数 ＝代金
> x 枚 ×50円＝$50x$(円)
> y 枚 ×80円＝$80y$(円)

実践 **加減法**

つぎの文章題を解いてください。
遼太くんは家から 10km はなれた駅に行きました。
はじめは自転車に乗って毎時 12km の速さで走り，途中からは毎時 4km の速さで歩きました。
全体では 1 時間かかりました。
自転車で進んだ道のりと歩いた道のりは，それぞれ何 km ですか。

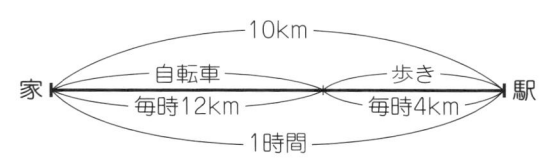

```
         ――――10km――――
家 |――自転車――|――歩き――| 駅
   |―毎時12km―|―毎時4km―|
         ――― 1時間 ―――
```

答と解説

1. 自転車で進んだ道のりを $x$km，歩いた道のりを $y$km とおく

   ① 求めたいものを x, y とおきます

2. $\begin{cases} 自転車で進んだ道のり + 歩いた道のり = 10\text{km} \\ 自転車で進んだ時間 + 歩いた時間 = 1時間 \end{cases}$

   ② 次に「ことばの式」で表します

3. $\begin{cases} x + y = 10 \\ \dfrac{x}{12} + \dfrac{y}{4} = 1 \end{cases}$

   ③ そして「文字の式」で表します

上の連立方程式を解くと
$\begin{cases} x = 9 \\ y = 1 \end{cases}$

よって，答えは
$\begin{cases} 自転車で進んだ道のり：9\text{km} \\ 歩いた道のり：1\text{km} \end{cases}$

> 道のり÷速さ＝時間
> $x$km÷12km/時＝$\dfrac{x}{12}$時間
> $y$km÷4km/時＝$\dfrac{y}{4}$時間

1日目 正負の数から連立方程式

2日目

いろいろな計算問題

1日目に続き，計算問題を学びます。
中学3年生で習う計算問題まで一気に駆け上がりますが，頑張ってついてきてください。

この章の最終目的は，2次方程式の計算ができるようになることです。
そのための道具として，「展開」「因数分解」「$\sqrt{}$ を使った数」を扱います。

ここを乗り越えれば，中学数学の計算問題はバッチリ解けるようになります。

2日目 1時限目 式の展開

～整理されたものを「バラバラ」にする～

> 計算問題も色々できるようになってきたよ。
> 他にはどんなパターンがあるのかな。

> そうですね。今日は中学3年で習う計算,
> 「式の展開」「因数分解」「2次方程式」に進みましょうか。

1限目は「式の展開」です。
「式の展開」は，1日目に学んだ分配法則の拡張版です。
分配法則は覚えていますか？

$$a(x+y) = ax + ay \qquad \triangle(\bigcirc + \square) = \triangle \times \bigcirc + \triangle \times \square$$

この分配法則をさらに1段階進化させます。

$$(a+b)(x+y) = ax + ay + bx + by$$

> 矢印のターゲットが4つになるんだね。
> 1つずつかけ算して, ( )をはずしてバラバラにすればいいんだ。

その通りです。
展開とは，（　）をはずしてバラバラに分解することです。
さっそく例題を3つ解いてみましょう。

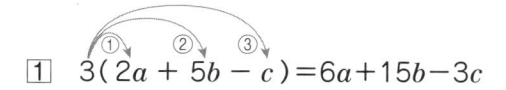

① $3(2a + 5b - c) = 6a + 15b - 3c$

② $(x + 2)(y + 7) = xy + 7x + 2y + 14$

③ $(2x - 3)(4x - 5) = 8x^2 - 10x - 12x + 15$
　　　　　　　　　　　　↓ 同類項にまとめる
　　　　　　　　　　$= 8x^2 - 22x + 15$

1つずつかけ算していくだけなので，
意外とカンタンだね♪

式の展開には他にもいくつかのパターンがあります。
次から詳しく見ていきましょう。

2日目　いろいろな計算問題

練習 乗法公式（1）

つぎの計算をしてください。
① $(x+2)(x+3)$
② $(x+5)(x-1)$

キーワード
○式の展開…1つずつかけ算して（ ）をはずし，バラバラに分解すること
○乗法公式…式の展開をすばやく行うための公式

ここがコツ
$(x+a)(x+b) = x^2 + \underbrace{(a+b)}_{たし算} x + \underbrace{ab}_{かけ算}$

答と解説

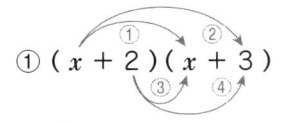

① $(x+2)(x+3)$

$= x^2 + 3x + 2x + 6$

$= x^2 + \underset{\substack{たし算 \\ 2+3}}{5x} + \underset{\substack{かけ算 \\ 2\times 3}}{+6}$

1つずつかけ算してバラバラ分解する

同類項にまとめる

② $(x+5)(x-1)$

$= x^2 - x + 5x - 5$

$= x^2 + \underset{\substack{たし算 \\ 5+(-1)}}{+4x} \underset{\substack{かけ算 \\ 5\times(-1)}}{-5}$

1つずつかけ算してバラバラ分解する

同類項にまとめる

実践 乗法公式（1）

つぎの計算をしてください。
① $(x+2)(x+5)$
② $(x+2)(x-3)$
③ $(2x-1)(4x-6)$

答と解説

① $(x+2)(x+5)$

$= x^2 + 5x + 2x + 10$
$= x^2 \underline{+7x} \underline{+10}$
　　　たし算　かけ算
　　　$2+5$　2×5

1つずつかけ算してバラバラ分解する

同類項にまとめる

② $(x+2)(x-3)$

$= x^2 - 3x + 2x - 6$
$= x^2 \underline{-1x} \underline{-6}$
　　　たし算　　かけ算
　　　$2+(-3)$　$2\times(-3)$
$= x^2 \quad -x \quad -6$

乗法公式
$(x+a)(x+b) = x^2 + (a+b)x + ab$ に
$\begin{cases} a=2 \\ b=-3 \end{cases}$ を入れて計算してもよい。

③ $(2x-1)(4x-6)$

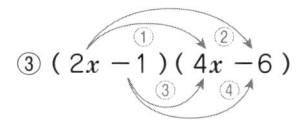

$= 8x^2 - 12x - 4x + 6$
$= 8x^2 \underline{-16x} \underline{+6}$

1つずつかけ算してバラバラ分解する

同類項にまとめる

練習　乗法公式 (2)

つぎの計算をしてください。
① $(a+b)^2$
② $(x+5)^2$

ここがコツ

$(a+b)^2 = a^2 + 2ab + b^2$
$(a-b)^2 = a^2 - 2ab + b^2$

答と解説

① $(a+b)^2 = (a+b)(a+b)$

$= a^2 + ab + ab + b^2$

$= \underset{2乗}{a^2} \underset{2倍}{+2ab} \underset{2乗}{+b^2}$

$A^2 = A \times A$

同類項にまとめる
$(a+b)^2 = a^2 + 2ab + b^2$ は
公式として使ってよい

② $(x+5)^2 = (x+5)(x+5)$

$= x^2 + 5x + 5x + 25$

$= \underset{2乗}{x^2} \underset{2倍}{+10x} \underset{2乗}{+25}$

$A^2 = A \times A$

同類項にまとめる

実践　乗法公式（2）

つぎの計算をしてください。
① $(a-b)^2$
② $(x-10)^2$
③ $(x-8)^2$

答と解説

① $(a-b)^2 = (a-b)(a-b)$
$= a^2 - ab - ab + b^2$
$= \underbrace{a^2}_{2乗} \underbrace{-2ab}_{2倍} \underbrace{+b^2}_{2乗}$

$A^2 = A \times A$

同類項にまとめる
$(a-b)^2 = a^2 - 2ab + b^2$ は
公式として使ってよい

② $(x-10)^2 = (x-10)(x-10)$
$= x^2 - 10x - 10x + 100$
$= \underbrace{x^2}_{2乗} \underbrace{-20x}_{2倍} \underbrace{+100}_{2乗}$

$A^2 = A \times A$

同類項にまとめる

③ $(x-8)^2 = (x-8)(x-8)$
$= x^2 - 8x - 8x + 64$
$= \underbrace{x^2}_{2乗} \underbrace{-16x}_{2倍} \underbrace{+64}_{2乗}$

慣れてきたら，
$(a-b)^2 = a^2 - 2ab + b^2$ の公式に
$\begin{cases} a=x \\ b=8 \end{cases}$ を入れて計算してもよい

練習 乗法公式（3）

つぎの計算をしてください。
① $(a+b)(a-b)$
② $(x+3)(x-3)$
③ $(x+5)(x-5)$

ここがコツ $(a+b)(a-b)=a^2-b^2$

答と解説

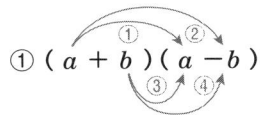

① $(a+b)(a-b)$

$= a^2-ab+ab-b^2$
$= a^2-b^2$

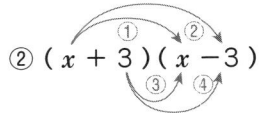

式を展開して，同類項にまとめる

$(a+b)(a-b)=a^2-b^2$
は公式として使ってよい

② $(x+3)(x-3)$

$= x^2-3x+3x-9$
$= x^2-9$

式を展開して，同類項にまとめる

③ $(x+5)(x-5)$

$= x^2-5x+5x-25$
$= x^2-25$

慣れてきたら，
$(a+b)(a-b)=a^2-b^2$ の公式に
$\begin{cases} a=x \\ b=5 \end{cases}$ を入れて計算してもよい

実践　乗法公式（3）

つぎの計算をしてください。
① $(x+7)(x-7)$
② $(2x+5)(2x-5)$
③ $\left(\dfrac{1}{3}x+4y\right)\left(\dfrac{1}{3}x-4y\right)$

答と解説

① $(x+7)(x-7)$
$= x^2 - 7x + 7x - 49$
$= x^2 - 49$

式を展開して，同類項にまとめる

② $(2x+5)(2x-5)$
$= 4x^2 - 10x + 10x - 25$
$= 4x^2 - 25$

式を展開する

同類項にまとめる

③ $\left(\dfrac{1}{3}x + 4y\right)\left(\dfrac{1}{3}x - 4y\right)$
$= \dfrac{1}{9}x^2 - \dfrac{4}{3}xy + \dfrac{4}{3}xy - 16y^2$
$= \dfrac{1}{9}x^2 - 16y^2$

慣れてきたら，
$(a+b)(a-b) = a^2 - b^2$ の公式に
$\begin{cases} a = \dfrac{1}{3}x \\ b = 4y \end{cases}$ を入れて計算してもよい

2日目　いろいろな計算問題

2時限目 因数分解

2日目

~バラバラになったものを，整理してまとめる~

🧑‍🏫 式の展開がすんだので，次は因数分解に進みましょう。

😣 因数分解……。
何だか難しそうな感じがする……。

🧑‍🏫 大丈夫ですよ。安心してください，遼太くん。
因数分解をひと言で表すなら，「展開の逆」です。
「式の展開」が（ ）をはずしてバラバラ分解するのに対して，
「因数分解」ではバラバラになったものを整理しなおします。

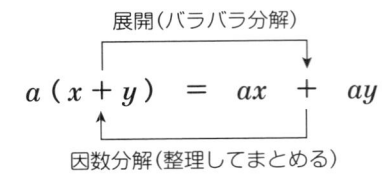

$$\underset{\text{因数分解(整理してまとめる)}}{\overset{\text{展開(バラバラ分解)}}{a(x+y) = ax + ay}}$$

整理するにはいくつかのパターンがあるのですが，
まずは共通するもの（共通因数）でまとめることです。

$$\boxed{a}x + \boxed{a}y \xrightarrow{\text{まとめる}} \boxed{a}(x+y)$$

２つに共通している
（共通因数）

$$ax + ay = a(x+y)$$

因数分解

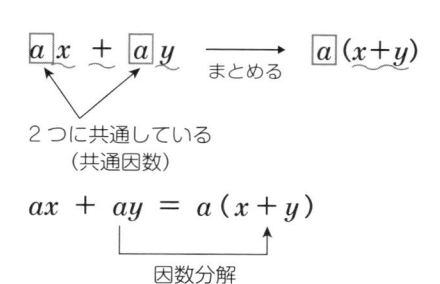

他にも共通因数でまとめる因数分解をやってみましょう。

① $3x\boxed{y} + 2\boxed{y} = y(3x+2)$

y が共通している

② $x^2 - 8x = x(x-8)$

x が共通している

$x^2 = \boxed{x} \times x$
共通因数　残り

③ $7x^2y - 21xy^2 = 7xy(x-3y)$

$7xy$ が共通している

$\begin{cases} 7x^2y = \boxed{7xy} \times x \\ \text{共通因数　残り} \\ 21xy^2 = \boxed{7xy} \times 3y \\ \text{共通因数　残り} \end{cases}$

共通因数でまとめるパターンはわかった♪
他のパターンも教えてよ，先生。

練習　因数分解（1）

つぎの式を因数分解してください。
① x^2+5x+6
② x^2+4x-5
③ x^2+x-12

キーワード　○因数分解…展開でバラバラになった式をまとめること

ここがコツ　$x^2+\underline{(a+b)}x+\underline{ab}=(x+a)(x+b)$
　　　　　　　　　　たし算　　　かけ算

答と解説

①
$$x^2 \underset{\text{たし算}}{+5x} \underset{\text{かけ算}}{+6} = (x+2)(x+3)$$
（因数分解／展開）

$\begin{cases}\text{たし算して}+5\text{になる}\\ \text{かけ算して}+6\text{になる}\end{cases}$
⇒ +2と+3
パズル感覚で組み合わせを見つける

②
$$x^2 \underset{\text{たし算}}{+4x} \underset{\text{かけ算}}{-5} = (x+5)(x-1)$$

$\begin{cases}\text{たし算して}+4\text{になる}\\ \text{かけ算して}-5\text{になる}\end{cases}$
⇒ +5と−1

③
$$x^2 \underset{\text{たし算}}{+x} \underset{\text{かけ算}}{-12} = (x+4)(x-3)$$

$\begin{cases}\text{たし算して}+1\text{になる}\\ \text{かけ算して}-12\text{になる}\end{cases}$
⇒ +4と−3

実践　因数分解（1）

つぎの式を因数分解してください。
① $x^2+14x+48$
② $x^2+4x-45$
③ x^2-x-42

答と解説

① $x^2\underset{たし算}{+14x}\underset{かけ算}{+48}=(x+6)(x+8)$

$\begin{cases}たし算して+14になる\\かけ算して+48になる\end{cases}$
⇒ $+6$と$+8$
かけ算から候補を絞ると考えやすい

② $x^2\underset{たし算}{+4x}\underset{かけ算}{-45}=(x+9)(x-5)$

$\begin{cases}たし算して+4になる\\かけ算して-45になる\end{cases}$
⇒ $+9$と-5
かけ算から候補を絞ると考えやすい

③ $x^2\underset{たし算}{-x}\underset{かけ算}{-42}=(x+6)(x-7)$

$\begin{cases}たし算して-1になる\\かけ算して-42になる\end{cases}$
⇒ $+6$と-7

練習　因数分解（2）

つぎの式を因数分解してください。
① $x^2+8x+16$
② $x^2-14x+49$
③ x^2-81

ここがコツ
① $a^2+2ab+b^2=(a+b)^2$
② $a^2-2ab+b^2=(a-b)^2$
③ $a^2\ -\ b^2\ =(a+b)(a-b)$

答と解説

① $x^2\ \underset{たし算}{+8x}\ \underset{かけ算}{+16}$

$\begin{cases}たし算して+8になる\\かけ算して+16になる\end{cases} \Rightarrow\ +4と+4$

$=(x+4)(x+4)$
$=(x+4)^2$

② $x^2\ \underset{たし算}{-14x}\ \underset{かけ算}{+49}$

$\begin{cases}たし算して-14になる\\かけ算して+49になる\end{cases} \Rightarrow\ -7と-7$

$=(x-7)(x-7)$
$=(x-7)^2$

③ x^2-81
$=x^2\ \underset{たし算}{+0x}\ \underset{かけ算}{-81}$

$\begin{cases}たし算して0になる\\かけ算して-81になる\end{cases} \Rightarrow\ +9と-9$

$=(x+9)(x-9)$

実践　因数分解（2）

つぎの式を因数分解してください。
① $x^2+10x+25$
② $x^2-12x+36$
③ x^2-100

答と解説

① $x^2 \underbrace{+10x}_{\text{たし算}} \underbrace{+25}_{\text{かけ算}}$

$= (x+5)(x+5)$
$= (x+5)^2$

$\begin{cases} \text{たし算して}+10\text{になる} \\ \text{かけ算して}+25\text{になる} \end{cases} \Rightarrow +5 \text{と} +5$

$a^2+2ab+b^2=(a+b)^2$ の公式に

$\begin{cases} a=x \\ b=5 \end{cases}$ を入れて計算してもよい

② $x^2 \underbrace{-12x}_{\text{たし算}} \underbrace{+36}_{\text{かけ算}}$

$= (x-6)(x-6)$
$= (x-6)^2$

$\begin{cases} \text{たし算して}-12\text{になる} \\ \text{かけ算して}+36\text{になる} \end{cases} \Rightarrow -6 \text{と} -6$

$a^2-2ab+b^2=(a-b)^2$ の公式に

$\begin{cases} a=x \\ b=6 \end{cases}$ を入れて計算してもよい

③ x^2-100
$= x^2 \underbrace{+0x}_{\text{たし算}} \underbrace{-100}_{\text{かけ算}}$

$= (x+10)(x-10)$

$\begin{cases} \text{たし算して}0\text{になる} \\ \text{かけ算して}-100\text{になる} \end{cases} \Rightarrow +10 \text{と} -10$

$a^2-b^2=(a+b)(a-b)$ の公式に

$\begin{cases} a=x \\ b=10 \end{cases}$ を入れて計算してもよい

3時限目 2日目

平方根

～2乗すると3になるものは？～

　さあ，この時間は「平方根」をやりましょう。

　平方根って $\sqrt{}$ が出てくるとこだよね。
　やだなぁ……。

　そう身構えなくても大丈夫ですよ。
　そもそも平方根とはどんなものだったのか，
　そこから始めましょう。

　遼太くん，例えば2乗して4になる数はわかりますか？

　2乗すると4になる……。
　つまり2回かけ算すると4になる数だね。
　わかった！　+2と-2だ。

　その通りです。$\begin{cases} (+2)^2=4 \\ (-2)^2=4 \end{cases}$ になるので，+2と-2ですね。
　では，2乗すると9になる数はわかりますか？

　えーと……。
　2回かけ算して9になるのは+3と-3だ！

正解です。＋3と−3を合わせて，±3ともかきます。
同じく2乗して16になる数は±4，2乗して25になるのは±5，
2乗して36になるのは±6ですね。
では遼太くん，2乗して3になる数はわかりますか？

2乗して3になる数……。
2回かけ算すると3になる数字だよね。何だろう……。

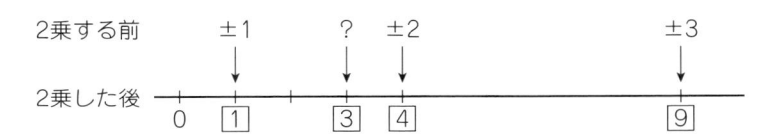

```
2乗する前      ±1      ?  ±2              ±3
               ↓       ↓  ↓               ↓
2乗した後  ─┼───┼───┼──┼───────────┼──
          0   1      3   4              9
```

困りますよね。
2乗すると3になる数が存在するのはわかるけど，
うまく表現できない。
この不便さをなくすため，
2乗すると3になる数を＋$\sqrt{3}$，−$\sqrt{3}$（合わせて±$\sqrt{3}$）と表すことにします。

$\sqrt{}$ を根号といい，「ルート」と読みます。
そして，±$\sqrt{3}$を3の「平方根」といいます。

例えば，2乗して5になる数は±$\sqrt{5}$，
2乗して6になる数は±$\sqrt{6}$です。
つまり，5の平方根は±$\sqrt{5}$となり，6の平方根は±$\sqrt{6}$となります。

2乗する前の数を平方根っていうんだね。
新しい記号 $\sqrt{}$ が出てきたから，さっそく使い方を
教えてよ，先生！

練習　√ の性質

つぎの数を根号を使わずに表してください。
① $\sqrt{9}$
② $\sqrt{25}$

つぎの数を $a\sqrt{b}$ の形で表してください。
③ $\sqrt{18}$

キーワード　○根号…√ のこと「ルート」と読む

ここがコツ　$\sqrt{a \times a} = a$

答と解説

① $\sqrt{9} = \sqrt{3 \times 3}$　　2つ揃う
　　　　$= 3$

$(\sqrt{3})^2 = 3$
$\sqrt{3}$ が2つ揃うと3になる

② $\sqrt{25} = \sqrt{5 \times 5}$　　2つ揃う
　　　　$= 5$

$(\sqrt{5})^2 = 5$
$\sqrt{5}$ が2つ揃うと5になる

③ $\sqrt{18} = \sqrt{2 \times 9}$
　　　　$= \sqrt{2 \times \boxed{3 \times 3}}$
　　　　$= 3\sqrt{2}$

かけ算に分解する
$\sqrt{3}$ が2つ揃うと3になる

実践　√ の性質

つぎの数を根号を使わずに表してください。
① $-\sqrt{49}$

つぎの数を $a\sqrt{b}$ の形で表してください。
② $\sqrt{12}$
③ $\sqrt{24}$

答と解説

① $-\sqrt{49} = -\sqrt{7 \times 7}$
　　　　　$= -7$

$(\sqrt{7})^2 = 7$

② $\sqrt{12} = \sqrt{4 \times 3}$
　　　$= \sqrt{\boxed{2 \times 2} \times 3}$
　　　　　　　↓ 2つ揃う
　　　$= 2\sqrt{3}$

12をかけ算に分解する
$\sqrt{2}$ が2つ揃うと2になる。

③ $\sqrt{24} = \sqrt{4 \times 6}$
　　　$= \sqrt{\boxed{2 \times 2} \times 2 \times 3}$
　　　　　　　　　　1つだけなので
　　　　　　　　　　そのまま
　　　$= 2\sqrt{6}$

24をかけ算に分解する
$4 = 2 \times 2$, $6 = 2 \times 3$
$\sqrt{2}$ が2つ揃うと2になる

2日目　いろいろな計算問題

練習 √の乗除

つぎの計算をしてください。
① $\sqrt{6} \times \sqrt{15}$
② $\sqrt{12} \div \sqrt{3}$
③ $5\sqrt{3} \times 2\sqrt{6}$

ここがコツ
√の中身はペアを作って外に出す

答と解説

① $\sqrt{6} \times \sqrt{15}$
$= \sqrt{2 \times 3} \times \sqrt{3 \times 5}$　　かけ算に分解する
$= \sqrt{2 \times \boxed{3 \times 3} \times 5}$　　ペアを作って外に出す
$= 3\sqrt{10}$

② $\sqrt{12} \div \sqrt{3}$　　$12 \div 3 = 4$ と同じ
$= \sqrt{4}$　　ペアを作って外に出す
$= \sqrt{\boxed{2 \times 2}}$
$= 2$

③ $5\sqrt{3} \times 2\sqrt{6}$
$= 5 \times 2 \times \sqrt{3 \times 6}$　　ペアを作って外に出す
$= 10\sqrt{\boxed{3 \times 3} \times 2}$　　$3 \times 10 = 30$
$= 30\sqrt{2}$

実践　√ の乗除

つぎの計算をしてください。
① $\sqrt{42} \times \sqrt{70}$
② $\sqrt{12} \div \sqrt{3} \times \sqrt{2}$
③ $3\sqrt{5} \times 2\sqrt{15}$

答と解説

① $\sqrt{42} \quad\quad \times \sqrt{70}$
$= \sqrt{6 \times 7} \quad \times \sqrt{7 \times 10}$
$= \sqrt{2 \times 3 \times 7} \times \sqrt{7 \times 2 \times 5}$
$= \sqrt{\boxed{2 \times 2} \times \boxed{7 \times 7} \times 3 \times 5}$
$= \quad 14\sqrt{15}$

かけ算に分解する

ペアを作って外に出す
2×7=14

② $\sqrt{12} \div \sqrt{3} \times \sqrt{2}$

$= \sqrt{4} \quad\quad \times \sqrt{2}$
$= \sqrt{\boxed{2 \times 2} \times 2}$

$= 2\sqrt{2}$

12÷3=4 と同じ

ペアを作って外に出す

③ $3\sqrt{5} \times 2\sqrt{15}$
$= 3 \times 2 \times \sqrt{5 \times 15}$

$= \quad 6 \quad \sqrt{\boxed{5 \times 5} \times 3}$
$= 30\sqrt{3}$

√ の外と中を，別々に計算する

ペアを作って外に出す

練習　√ の加減

つぎの計算をしてください。
① $3\sqrt{2}+7\sqrt{2}$
② $8\sqrt{5}-2\sqrt{5}$
③ $\sqrt{12}+\sqrt{24}-\sqrt{27}$

ここがコツ　文字と同じように同類項にまとめる

答と解説

① $3\sqrt{2}+7\sqrt{2}$
$=(3+7)\sqrt{2}$
$=10\sqrt{2}$

$3x+7x=10x$ の計算に $x=\sqrt{2}$ を入れたと考えて、同類項にまとめる

② $8\sqrt{5}-2\sqrt{5}$
$=(8-2)\sqrt{5}$
$=6\sqrt{5}$

$8x-2x=6x$ の計算に $x=\sqrt{5}$ を入れたと考えて、同類項にまとめる

③ $\sqrt{12}+\sqrt{24}-\sqrt{27}$
$=2\sqrt{3}+2\sqrt{6}-3\sqrt{3}$
$=-\sqrt{3}+2\sqrt{6}$

$\begin{cases} \sqrt{12}=\sqrt{\boxed{2\times2}\times3}=2\sqrt{3} \\ \sqrt{24}=\sqrt{\boxed{2\times2}\times6}=2\sqrt{6} \\ \sqrt{27}=\sqrt{\boxed{3\times3}\times3}=3\sqrt{3} \end{cases}$

| 実践 | $\sqrt{}$ の加減 |

つぎの計算をしてください。
① $4\sqrt{3} - 9\sqrt{3} + 11\sqrt{3}$
② $\sqrt{24} + 5\sqrt{6}$
③ $\sqrt{18} + \sqrt{75} - \sqrt{50} - \sqrt{27}$

答と解説

① $4\sqrt{3} - 9\sqrt{3} + 11\sqrt{3}$
$= (4-9+11)\sqrt{3}$
$= 6\sqrt{3}$

同類項にまとめる

② $\sqrt{24} + 5\sqrt{6}$
$= 2\sqrt{6} + 5\sqrt{6}$
$= 7\sqrt{6}$

$\sqrt{24} = \sqrt{\boxed{2\times2}\times6} = 2\sqrt{6}$
同類項にまとめる

③ $\sqrt{18} + \sqrt{75} - \sqrt{50} - \sqrt{27}$
$= \boxed{3\sqrt{2}} + 5\sqrt{3} \boxed{-5\sqrt{2}} - 3\sqrt{3}$
$= -2\sqrt{2} + 2\sqrt{3}$

$\begin{cases} \sqrt{18} = \sqrt{\boxed{3\times3}\times2} = 3\sqrt{2} \\ \sqrt{75} = \sqrt{\boxed{5\times5}\times3} = 5\sqrt{3} \\ \sqrt{50} = \sqrt{\boxed{5\times5}\times2} = 5\sqrt{2} \\ \sqrt{27} = \sqrt{\boxed{3\times3}\times3} = 3\sqrt{3} \end{cases}$

2日目 いろいろな計算問題

2日目 4時限目 2次方程式

〜 x^2 が登場する方程式〜

さて、この時間は2次方程式をやりましょう。

2次方程式って、確か x^2 が出てくる方程式だね。

その通りです、遼太くん。
文字がかけ算されている回数を「次数」といいます。
「$x^2 = x \times x$」と x が2回かけ算されているので、
次数は2ですね。
このため2次方程式と呼ぶのですよ。

へえー。次数が2なので2次方程式か。
先生、例えばどんな問題が出てくるのかな？

2次の方程式にもいくつかパターンがあるのですが、
まずは一番シンプルなものからいきましょうか。

「ある数 x を 2 乗すると 9 になります。
さて，x はどんな数でしょうか？」

これを数式で表すと「$x^2=9$」となります。
遼太くん，わかりますか？

2 乗して 9 になる数……。
わかった！　+3 と -3 だ。合わせて ±3 と書くんだったね。
さっきやった平方根の考え方だ。

正解です。これを数式で表現してみます。

$x^2=9$	ある数 x を 2 乗すると 9 になります
$x=\pm 3$	ある数 x とは，±3 です

① $x^2-16=0$ 　　　：-16 を移項します
　　$x^2\ \ \ =16$ 　　　：ある数 x を 2 乗すると 16 になります
　　$x\ \ \ =\pm 4$ 　　　：ある数 x は ±4 です

② $x^2-12=0$ 　　　：-12 を移項します
　　$x^2\ \ \ =12$ 　　　：ある数 x を 2 乗すると 12 になります
　　$x\ \ \ =\pm\sqrt{12}$ 　：ある数 x は $\pm\sqrt{12}$ です
　　$x\ \ \ =\pm 2\sqrt{3}$ 　：$\sqrt{12}=\sqrt{\boxed{2\times 2}\times 3}=2\sqrt{3}$

なるほど！
このパターンは平方根の考え方を使うんだね。
じゃあ他のパターンもやってみたいな♪

練習　2次方程式（1）

つぎの2次方程式を解いてください。
① $(x+3)^2=4$
② $(x-5)^2=7$

キーワード　○2次方程式…x^2 が出てくる方程式

ここがコツ　$(x+△)^2=□$
「$x+△$」を A とおく。

答と解説

① $(x+3)^2=4$
　$A^2\ =4$
　$A\ =±2$
　$x\boxed{+3}\ =±2$
　$x\ =-1,\ -5$

$x+3=A$ とおく

A を $x+3$ に戻す

$+3$ を移項すると，$x=-3±2$
$x=-3+2=-1$　または $x=-3-2=-5$

② $(x-5)^2=7$
　$A^2\ =7$
　$A\ =±\sqrt{7}$
　$x\boxed{-5}\ =±\sqrt{7}$
　$x\ =5±\sqrt{7}$

$x-5=A$ とおく

A を $x-5$ に戻す

-5 を移項する
$5+\sqrt{7}$，$5-\sqrt{7}$ はこれ以上計算できないので，このままにする

実践　2次方程式（1）

つぎの2次方程式を解いてください。
① $(x-8)^2=25$
② $(x-6)^2-7=0$
③ $(x+3)^2+5=24$

答と解説

① $(x-8)^2=25$
　　$A^2 = 25$
　　$A = \pm 5$
　　$x\boxed{-8} = \pm 5$
　　$x = 13, 3$

$x-8=A$ とおく

A を $x-8$ に戻す

-8 を移項すると，$x=8\pm 5$
$x=8+5=13$　または $x=8-5=3$

② $(x-6)^2\boxed{-7}=0$
　　$(x-6)^2 = 7$
　　$x\boxed{-6} = \pm\sqrt{7}$
　　$x = 6\pm\sqrt{7}$

-7 を移項する

慣れてきたら，A とおかずに解いてもよい

-6 を移項する

③ $(x+3)^2\boxed{+5}=24$
　　$(x+3)^2 = 19$
　　$x\boxed{+3} = \pm\sqrt{19}$
　　$x = -3\pm\sqrt{19}$

$+5$ を移項する　$24-5=19$

$+3$ を移項する

練習 2次方程式（2）

つぎの2次方程式を解いてください。
① $(x+2)(x-3)=0$
② $(x+1)(x-5)=0$
③ $x^2+5x+6=0$

ここがコツ

$(x+\square)(x+\triangle)=0$ → $x=-\square, -\triangle$
かけ算して0になる → どちらかが0になる

答と解説

① $(x+2)(x-3)=0$
　　$A \times B =0$
　$\begin{cases} A=0 \to x+2=0, \text{つまり } x=-2 \\ B=0 \to x-3=0, \text{つまり } x=3 \end{cases}$
　よって $x=-2, 3$

$A \times B=0$
2つの数をかけ算して0になるのは，A, Bのどちらかが0のとき

② $(x+1)(x-5)=0$
　　$A \times B =0$
　$\begin{cases} A=0 \to x+1=0, \text{つまり } x=-1 \\ B=0 \to x-5=0, \text{つまり } x=5 \end{cases}$
　よって $x=-1, 5$

$A \times B=0$
2つの数をかけ算して0になるのは，A, Bのどちらかが0のとき

③ $x^2 \underbrace{+5}_{\text{たし算}} x \underbrace{+6}_{\text{かけ算}} =0$

　$(x+2)(x+3)=0$
　　　　　$x=-2, -3$

因数分解する

$A \times B=0$ のパターンになる

実践　2次方程式（2）

つぎの2次方程式を解いてください。
① $(x-2)(x+4)=0$
② $x^2=10x$
③ $x^2+x-20=0$

答と解説

① $(x-2)(x+4)=0$
$\qquad x=2, -4$

$A \times B = 0$
A と B のどちらかが 0 になる

② $x^2 = 10x$
$x^2 - 10x = 0$
$x(x-10)=0$
$\qquad \underline{x=0, 10}$

$10x$ を移項する
共通因数 x でまとめる
$A \times B = 0$ のパターンになる

③ $x^2 + x - 20 = 0$
　　　たし算　かけ算
$(x+5)(x-4)=0$
$\qquad x=-5, 4$

因数分解する
$A \times B = 0$ のパターンになる

2日目 5時限目 解の公式

～どんな2次方程式でも瞬時に解決できる「魔法の杖」～

- 2次方程式の計算，だいぶ慣れてきましたか？

- うん。平方根の考え方や，因数分解を利用するんだよね。

- その通りです。
では遼太くん，次の2次方程式を解いてみてください。

$$x^2+5x+2=0$$

- えーと……。このタイプは因数分解を使う問題だ！
たし算して＋5，かけ算して＋2になる組み合わせだね。

$$\begin{cases}△+□=5\\△×□=2\end{cases}$$

- あれ……。
たし算して＋5になり，かけ算すると＋2になる数なんて見つからないよ，先生……。
これじゃ解けない……。

因数分解できませんよね。
実はこんなパターンの2次方程式であっても，一瞬で解決してくれる魔法のツールがあるのです。
それが「解の公式」です。

> 2次方程式 $ax^2+bx+c=0$ の解（答え）は
> $$x=\frac{-b\pm\sqrt{b^2-4ac}}{2a}$$
> で求めることができる，というものです。
> （ただし a は0以外の数）

どんな2次方程式でもスグに解くことができるウラ技なんだ！
じゃあさっそく $x^2+5x+2=0$ に使ってみようっと。

$$\underline{x^2}\ \underline{+5x}\ \underline{+2}=0$$
$$\downarrow\ \ \ \downarrow\ \ \ \downarrow$$
$$\underline{ax^2}\ \underline{+bx}\ \underline{+c}=0$$
$$a=1,\ b=5,\ c=2$$

$$x=\frac{-b\pm\sqrt{b^2-4ac}}{2a}$$
$$=\frac{-5\pm\sqrt{5^2-4\times1\times2}}{2\times1}$$
$$=\frac{-5\pm\sqrt{17}}{2}$$

どうして解の公式が成立するのかは説明すると少し難しい話になるため，省略します。次に解の公式を使うパターンを練習しましょう。

練習　解の公式

つぎの2次方程式を解の公式で解いてください。
① $x^2+7x+11=0$
② $2x^2-x-5=0$

キーワード　○解の公式…どんな2次方程式も一瞬で解決できる魔法のツール

ここがコツ　$ax^2+bx+c=0 \rightarrow x=\dfrac{-b\pm\sqrt{b^2-4ac}}{2a}$

答と解説

① $x^2+7x+11=0$

解の公式より

$x=\dfrac{-7\pm\sqrt{7^2-4\times1\times11}}{2\times1}$

$=\dfrac{-7\pm\sqrt{5}}{2}$

$x^2+7x+11=0$
↓　↓　↓
$ax^2+bx+c=0$

$a=1,\ b=7,\ c=11$

② $2x^2-x-5=0$

解の公式より

$x=\dfrac{-(-1)\pm\sqrt{(-1)^2-4\times2\times(-5)}}{2\times2}$

$=\dfrac{1\pm\sqrt{41}}{4}$

$2x^2-\ x-5=0$
↓　↓　↓
$ax^2+bx+c=0$

$a=2,\ b=-1,\ c=-5$

実践　解の公式

つぎの2次方程式を解の公式で解いてください。
① $2x^2+3x-4=0$
② $\frac{1}{2}x^2+\frac{3}{2}x-1=0$

答と解説

① $2x^2+3x-4=0$

解の公式より

$$x=\frac{-3\pm\sqrt{3^2-4\times 2\times(-4)}}{2\times 2}$$

$$=\frac{-3\pm\sqrt{41}}{4}$$

$2x^2+3x-4=0$
↓　↓　↓
$ax^2+bx+c=0$

$a=2,\ b=3,\ c=-4$

② $\frac{1}{2}x^2+\frac{3}{2}x-1=0$ ×2
　　$x^2+3x-2=0$

解の公式より

$$x=\frac{-3\pm\sqrt{3^2-4\times 1\times(-2)}}{2\times 1}$$

$$=\frac{-3\pm\sqrt{17}}{2}$$

分数を打ち消すため、両辺を2倍する

$x^2+3x-2=0$
↓　↓　↓
$ax^2+bx+c=0$

$a=1,\ b=3,\ c=-2$

3日目

関数

「自分が変われば，相手も変わる……」
夫婦や恋人などのパートナーシップについて，よく言われていることですね。
実は，このことは恋愛だけでなく，数学の世界でも当てはまるのです。

ここでは，x さんと y さんの2人に登場してもらいます。
x さんが変わると，それにともなって y さんも変わっていく……。
この2人の対応関係を「関数」といいます。

3日目は「比例」「反比例」「1次関数」「2次関数」を扱い，中学で習う関数を一通り紹介します。

3日目
1時限目 関数

~あなたが変われば，私も変わる!?~

🧑‍🏫 さて，本日は関数をやりましょう。
中学 3 年分の数学の中でも重要な分野です。

😒 関数って言葉を聞くだけでチョット……。
比例や反比例，1 次関数に 2 次関数まであるし……。

🧑‍🏫 大丈夫ですよ，遼太くん。
そもそも関数とはどんなものだったのか，確認しましょうか。
例えば遼太くんが毎時 4km の速さで歩いているとします。
1 時間歩くと，4km/時×1 時間＝4km だけ進みますね。
2 時間歩くと，4km/時×2 時間＝8km 進みます。
3 時間歩くと，4km/時×3 時間＝12km となります。

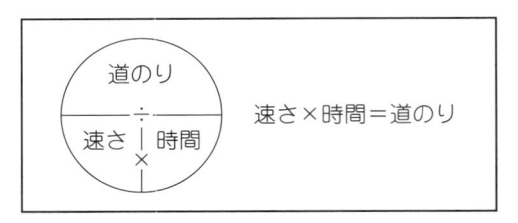

```
   道のり
  ─ ÷ ─        速さ×時間＝道のり
 速さ │ 時間
    ×
```

ここで，歩いた時間を x 時間，道のりを y km とおいて，
x と y の関係を調べてみましょう。

表にしてみるとわかりやすいね。

x（歩いた時間）	0	1	2	3	4	5	…
y（進んだ道のり）	0	4	8	12	16	20	…

表から，x が変化していくと，それにともなって y も変化しているのが読みとれます。

> x の値を決めると，それにともなって y の値も
> ただ1つに決まるとき，「y は x の関数である」といいます。

そして，x や y のように色々な値をとる文字を「変数」といいます。

x の値を決めると，それにともなって y の値もただ1つに決まる対応関係を「関数」というんだね。
次からもう少し具体的な例で関数をみてみようよ，先生。

> 練習　関数になるもの

y が x の関数であるものには○，
そうでないものには△をつけてください。
① 毎時 4km の速さで x 時間進んだときの距離は $y$km である。
② 半径 $x$cm の円周の長さは $y$cm である。
③ x 歳の人の体重は $y$kg である。

ここがコツ　x の値を決めると，y の値もただ１つに決まる
　⇒ 関数

答と解説

① 道のり＝速さ×時間
　　$y \ = \ 4 \ \times \ x$

x	0	1	2	3	4	5	…
y	0	4	8	12	16	20	…

x の値を決めると，y の値もただ１つに決まる。⇒ 関数　○

② 円周＝直径×円周率
　　$y \ = \ 2x \ \times \ π$

x	0	1	2	3	4	5	…
y	0	$2π$	$4π$	$6π$	$8π$	$10π$	…

x の値を決めると，y の値もただ１つに決まる。⇒ 関数　○

③ 年齢を決めても，体重はただ１つに決まらない。⇒ 関数ではない　△

道のり＝速さ×時間

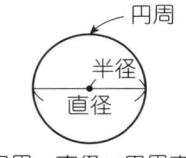

円周＝直径×円周率

体重は個人差があるので，１つには決まらない

実践　関数になるもの

y が x の関数であれば○，関数でなければ△をつけてください。
① x 円のノート1冊と100円のペンを3本買ったときの合計代金は y 円である。
② 縦が3cm で，横が x cm の長方形の面積は y cm² である。
③ x 歳の人の身長は y cm である。

答と解説

① 合計代金＝ノート代＋ペン代
　　y 　＝　x 　＋ 300
x の値を決めると，y の値もただ1つに決まる。⇒ 関数　○

x	0	100	200	300	…
y	300	400	500	600	…

② 長方形の面積＝縦×横
　　y 　　　＝ 3×x
x の値を決めると，y の値もただ1つに決まる。⇒ 関数　○

x	0	1	2	3	…
y	0	3	6	9	…

③ 同じ x 歳の人でも，身長は個人差があり，ただ1つに決まらない。
　⇒ 関数ではない　△

3日目 2時限目 比例

～x が 2 倍，3 倍になれば，y も 2 倍，3 倍になる～

> x の値を決めると，それにともなって y の値もただ 1 つに決まるとき，「y は x の関数である」というのでした。
> この時間は関数の初歩である「比例」をやりましょう。

> 比例は確か小学生のときも習ったね。
> 「片方の値を 2 倍，3 倍すれば，もう片方の値も 2 倍，3 倍になる」
> これで合ってるよね，先生。

> その通りです。
> 遼太くん，よく覚えていましたね。
>
> 「x の値を 2 倍，3 倍にすると，それにともなって
> y の値も 2 倍，3 倍になる関数」を「比例」といいます。

> さっき出てきた
> 「毎時 4km の速さで x 時間歩いたときに進む道のり y km」
> の x と y が，まさに比例だね。

x	0	1	2	3	4	5
y	0	4	8	12	16	20

2倍，3倍，4倍

そうですね。
そして y を x の式で表すと
　　「$y=$〜x」の形で表す

道のり＝速さ×時間
　$y\ =\ 4\ \times\ x$
　$y\ =\ 4x$　　　となります。

比例はこのように「$y=ax$」の式で表すことができます。
そして，a を比例定数といいます。
今回の場合は $a=4$ ですね。

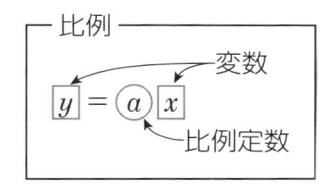

```
┌─ 比例 ─────────────────┐
│                変数      │
│         ↙    ↘          │
│    y  =  a   x          │
│          ↑              │
│          比例定数        │
└──────────────────────────┘
```

同じく $y=3x$ や $y=\dfrac{1}{2}x$ も比例です。
　　　　　　↑　　　　↑
　　　比例定数　　比例定数

比例は「$y=ax$」の式で表すことができるんだね。
じゃあ次は，グラフのかき方を教えてほしいな。

練習　比例のグラフ

① 点 A〜D の座標をグラフに記入してください。
　A(2, 3), B(4, −1), C(−3, 2), D(−1, −3)
② 次の比例のグラフをかいてください。
　$y = 2x$

キーワード
○座標…点の位置を示す住所（x座標, y座標）で表す
○原点…(0, 0) の座標

答と解説

① 原点(0, 0)を基準にして
　A(2, 3)　　⇒　右に2, 上に3
　B(4, −1)　⇒　右に4, 下に1
　C(−3, 2)　⇒　左に3, 上に2
　D(−1, −3)⇒　左に1, 下に3

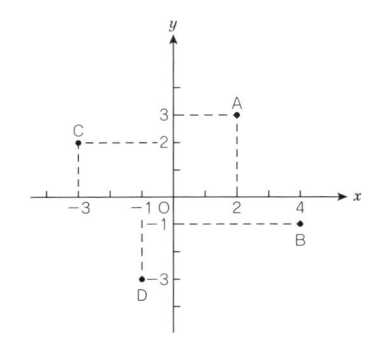

② xに数字を入れて, yの値を求める

$$\begin{cases} x = \boxed{0} \text{ のとき } y = 2 \times \boxed{0} = 0 \\ \rightarrow (0, 0) \\ x = \boxed{1} \text{ のとき } y = 2 \times \boxed{1} = 2 \\ \rightarrow (1, 2) \\ x = \boxed{2} \text{ のとき } y = 2 \times \boxed{2} = 4 \\ \rightarrow (2, 4) \\ x = \boxed{3} \text{ のとき } y = 2 \times \boxed{3} = 6 \\ \rightarrow (3, 6) \end{cases}$$

座標を打ち, 直線で結ぶ

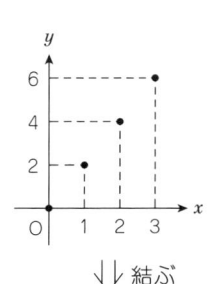

⇓ 結ぶ

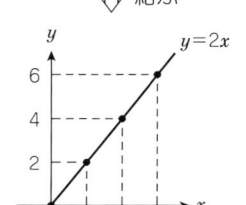

実践 比例のグラフ

① 点 A〜D の座標を答えてください。

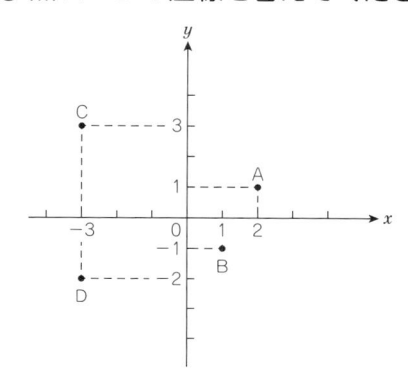

② 次の比例のグラフをかいてください。
$y=3x$

答と解説

① 原点 (0, 0) を基準にして
A 右に 2，上に 1 ⇒ A(2, 1)
B 右に 1，下に 1 ⇒ B(1, −1)
C 左に 3，上に 3 ⇒ C(−3, 3)
D 左に 3，下に 2 ⇒ D(−3, −2)

② x に数字を入れて，y の値を求める

$$\begin{cases} x=0 \text{ のとき } y=3\times0=0 \to (0,0) \\ x=1 \text{ のとき } y=3\times1=3 \to (1,3) \\ x=2 \text{ のとき } y=3\times2=6 \to (2,6) \\ x=3 \text{ のとき } y=3\times3=9 \to (3,9) \end{cases}$$

座標を打ち，直線で結ぶ

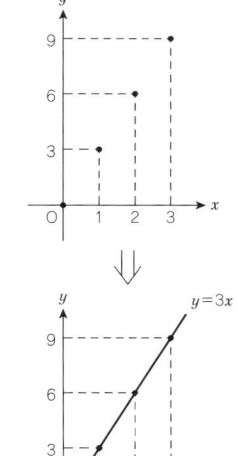

練習　比例を求める

y は x に比例し，$x=2$ のとき $y=6$ です。
① y を x の式で表してください。
② $x=4$ のときの y の値を求めてください。

キーワード
○代入…文字を数で置き換えること

ここがコツ
「$y=ax$」に数を代入する

答と解説

① 比例定数を a とおくと，$y=ax$ と表すことができる。
この式に $x=2$，$y=6$ を代入すると
$6=2a$　　左辺と右辺を入れかえる
$2a=6$　　両辺に $\frac{1}{2}$ をかける
$a=3$
$y=ax$ に $a=3$ を代入して，
$y=3x$ となる。

比例 $\Rightarrow y=ax$

a の方程式を解く

② 先ほど求めた $y=3x$ の式に
$x=4$ を代入すると，
$y=3\times 4$
　$=12$
よって，$y=12$ となる。

$y = 3x$
（y の値）は $3\times(x$ の値）

| 実践 | 比例を求める |

y は x に比例し，$x=-4$ のとき $y=2$ です。
① y を x の式で表してください。
② $x=8$ のときの y の値を求めてください。
③ $y=3$ のときの x の値を求めてください。

答と解説

① 比例定数を a とおくと，
$y=ax$ と表すことができる。
この式に $x=-4$，$y=2$ を代入すると

$2=-4a$ 〉左辺と右辺を入れかえる
$-4a=2$ 〉両辺に $-\dfrac{1}{4}$ をかける
$a=-\dfrac{1}{2}$

$y=ax$ に $a=-\dfrac{1}{2}$ を代入して，$\underline{y=-\dfrac{1}{2}x}$ となる。

② 先ほど求めた $y=-\dfrac{1}{2}\underline{x}$ の式に $x=\underline{8}$ を代入する

$y=-\dfrac{1}{2}\times\underline{8}$
$=-4$
よって，$\underline{y=-4}$ となる。

③ $y=-\dfrac{1}{2}x$ の式に $y=3$ を代入する

$3=-\dfrac{1}{2}x$ 〉左辺と右辺を入れかえる
$-\dfrac{1}{2}x=3$ 〉両辺に -2 をかける
$x=-6$

よって，$x=-6$ となる。

比例
$\Rightarrow y=ax$

3日目 関数

3時限目 反比例

3日目

〜x が 2 倍，3 倍になると，y は $\frac{1}{2}$ 倍，$\frac{1}{3}$ 倍になる〜

比例の次は「反比例」です。準備はいいですか？

反比例って名前からすると，比例の反対という意味なのかな？

なかなか鋭いですね，遼太くん。
x が 2 倍，3 倍になると，y も 2 倍，3 倍になるのが比例でした。

一方の反比例では，
x が 2 倍，3 倍になると，反対に
y は $\frac{1}{2}$ 倍，$\frac{1}{3}$ 倍になるのです。

x と y が，比例のときと反対の動きをするんだね。
だから反比例って名前なんだ。
じゃあ例えば，どんなときに反比例が登場するのかな？

例えばここに，面積が 60cm² の長方形があったとしましょう。
この長方形の縦の長さと横の長さが，反比例の関係になります。

縦の長さを $x$cm，横の長さを $y$cm とおいて，
数を色々変化させながら関係を調べてみましょう。

```
縦  ×  横  =  面積      xcm [ 60cm² ]
 x  ×  y  =  60              ycm
```

1cm × 60cm = 60cm²
2cm × 30cm = 60cm²
3cm × 20cm = 60cm²
4cm × 15cm = 60cm²
5cm × 12cm = 60cm²
　　　⇓　表にしてまとめる

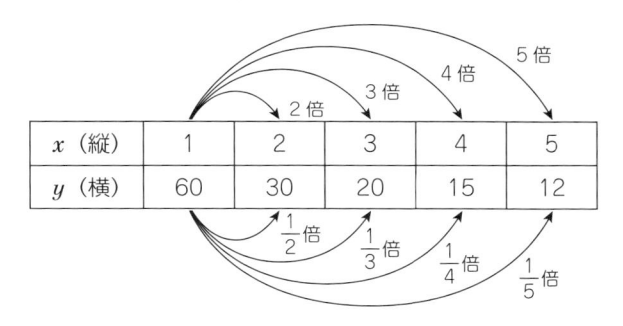

x（縦）	1	2	3	4	5
y（横）	60	30	20	15	12

（上側：2倍、3倍、4倍、5倍）
（下側：$\frac{1}{2}$倍、$\frac{1}{3}$倍、$\frac{1}{4}$倍、$\frac{1}{5}$倍）

x が2倍，3倍になると，反対に y は $\frac{1}{2}$ 倍，$\frac{1}{3}$ 倍になっていますね。

ここで y を x の式で表してみましょう。

　　縦×横＝面積　なので
　　$x \times y = 60$　　　）両辺に $\frac{1}{x}$ をかける
　　$y = \dfrac{60}{x}$

😊 このように比例定数を ⓐ とおくと，反比例は $y = \dfrac{a}{x}$ と表すことができます。

x が2倍，3倍になると y は $\frac{1}{2}$ 倍，$\frac{1}{3}$ 倍になるのが反比例で，

$y = \dfrac{a}{x}$ の形で表すことができるんだね。

練習　反比例のグラフ

次の反比例のグラフをかいてください。

① $y = \dfrac{12}{x}$　　② $y = -\dfrac{12}{x}$　　③ $y = \dfrac{8}{x}$

キーワード
○反比例…x が2倍, 3倍になると, y は $\dfrac{1}{2}$ 倍, $\dfrac{1}{3}$ 倍になる関数
○双曲線…反比例のグラフの, 滑らかな2つの曲線

ここがコツ　$y = \dfrac{a}{x}$ ⇒ かけ算して a になる
x と y の組み合わせを見つける

答と解説

① 式を変形すると $xy = 12$ となるので, かけ算すると 12 になる x と y の組み合わせを見つける。

x	-12	-6	-4	-3	-2	-1	1	2	3	4	6	12
y	-1	-2	-3	-4	-6	-12	12	6	4	3	2	1

それぞれの座標を滑らかに結ぶ。

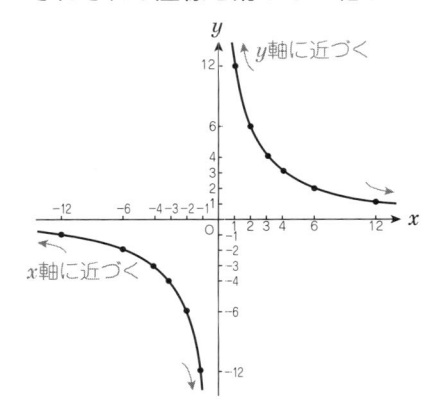

② 式を変形すると $xy=-12$ となるので，
かけ算すると -12 になる x と y の組み合わせを見つける。

x	-12	-6	-4	-3	-2	-1	1	2	3	4	6	12
y	1	2	3	4	6	12	-12	-6	-4	-3	-2	-1

それぞれの座標を滑らかに結ぶ。

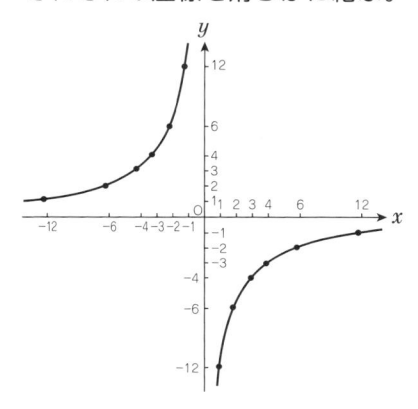

③ 式を変形すると $xy=8$ となるので，
かけ算すると 8 になる x と y の組み合わせを見つける。

x	-8	-4	-2	-1	1	2	4	8
y	-1	-2	-4	-8	8	4	2	1

それぞれの座標を滑らかに結ぶ。

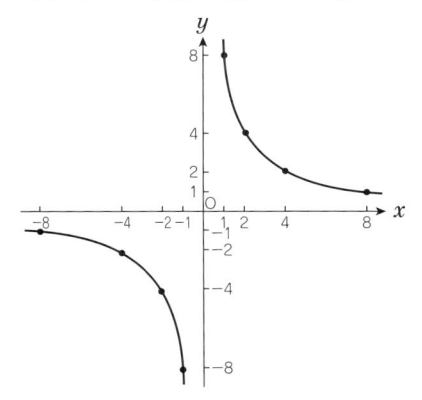

> **練習** 反比例を求める

y は x に反比例し，$x=2$ のとき $y=8$ です。
① y を x の式で表してください。
② $x=1$ のときの y の値を求めてください。
③ $y=4$ のときの x の値を求めてください。

💡ここがコツ　$xy=a$ の式に数字を代入する

答と解説

① 比例定数を a とおくと，$y=\dfrac{a}{x}$ と表すことができる。$xy=a$ として，$x=2$，$y=8$ を代入すると，
2×8＝a
　a　＝16

$y=\dfrac{a}{x}$ に $a=16$ を代入して，

$y=\dfrac{16}{x}$ となる。

② $xy=16$ の式に $x=1$ を代入する
1×y＝16
　y＝16
よって，y の値は 16 となる。

③ $xy=16$ の式に $y=4$ を代入する
4x＝16
　x＝4
よって，x の値は 4 となる。

反比例 ⇒ $y=\dfrac{a}{x}$

実践　反比例を求める

y は x に反比例し，$x=8$ のとき $y=-9$ です。
① y を x の式で表してください。
② $x=6$ のときの y の値を求めてください。
③ $y=3$ のときの x の値を求めてください。

答と解説

① 比例定数を a とおくと，$y=\dfrac{a}{x}$ と書くことができる。$xy=a$ として，$x=8$，$y=-9$ を代入すると，
$8\times(-9)=a$
$a=-72$
$y=\dfrac{a}{x}$ に $a=-72$ を代入して，
$\underline{y=-\dfrac{72}{x}}$ となる。

② $xy=-72$ の式に $x=6$ を代入すると，
$6y=-72$
$y=-12$
よって，$\underline{y \text{の値は}-12}$ となる。

③ $xy=-72$ の式に $y=3$ を代入すると，
$3x=-72$
$x=-24$
よって，$\underline{x \text{の値は}-24}$ となる。

反比例 ⇒ $y=\dfrac{a}{x}$

4時限目 1次関数

3日目

〜比例が「下駄」を履いて浮きました〜

> 次は中学2年で学んだ1次関数に進みましょう。

> 関数にもだいぶ慣れてきたよ。
> 今回の1次関数はどんな感じなのかな？

> ひと言で表すならば
> 「比例が下駄を履いて，浮いたもの」です。

比例が $y=ax$ で表されるのに対し，
1次関数は $y=ax+b$ と表されます。

比例 $y=ax$ が下駄（$+b$）を履いて，
$y=ax+b$ になったと考えてください。

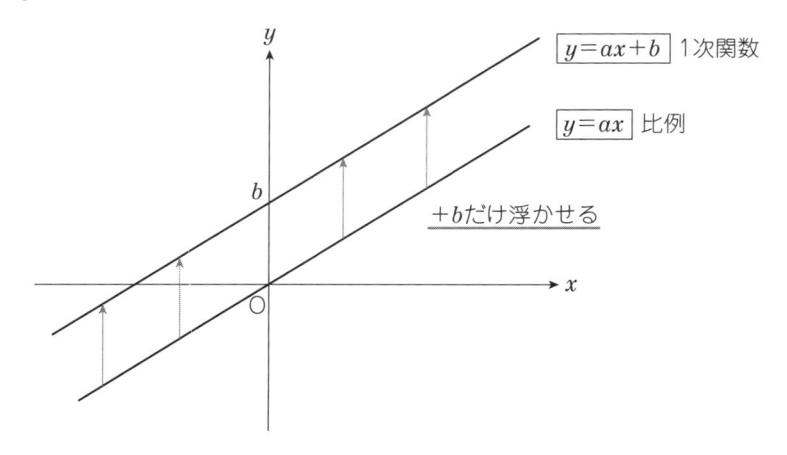

94

😊 比例を浮かせたものが1次関数なんだね。

🧑‍🏫 そうです。
そして1次関数「$y=ax+b$」の
a を「傾き」または「変化の割合」といい，b を切片といいます。

$$y = \underset{\substack{\uparrow \\ \text{傾き} \\ \text{(変化の割合)}}}{ax} + \underset{\substack{\uparrow \\ \text{切片}}}{b}$$

グラフの書き方や1次関数の求め方は
これまでに学んだ比例・反比例と同じです。

簡単にさっとおさらいした後，
図形の面積と絡めた問題も解いてみましょう。

🔑 **キーワード**
○傾き…$y=ax+b$ の a の部分：直線の傾き具合を示す
○切片…$y=ax+b$ の b の部分：浮かせた下駄

💡 **ここがコツ**
1次関数 ⇒ $y = \underset{\text{傾き}}{a}x + \underset{\text{切片}}{b}$ とおく

> 練習　1 次関数を求める

次の 1 次関数のグラフを書いてください。
① $y = 2x + 1$
次の条件を満たす 1 次関数を求めてください。
② グラフの傾きが 3 で，点 $(2, 8)$ を通る。

答と解説

① x に色々な数字を代入して，
y の値を求める。
$$\Downarrow$$
$\begin{cases} x = -2 \text{ のとき，} y = 2 \times (-2) + 1 = -3 \\ \quad \rightarrow (-2, -3) \\ x = -1 \text{ のとき，} y = 2 \times (-1) + 1 = -1 \\ \quad \rightarrow (-1, -1) \\ x = 0 \text{ のとき，} y = 2 \times 0 + 1 = 1 \rightarrow (0, 1) \\ x = 1 \text{ のとき，} y = 2 \times 1 + 1 = 3 \rightarrow (1, 3) \\ x = 2 \text{ のとき，} y = 2 \times 2 + 1 = 5 \rightarrow (2, 5) \end{cases}$
$$\Downarrow$$
求めた座標を直線で結ぶ

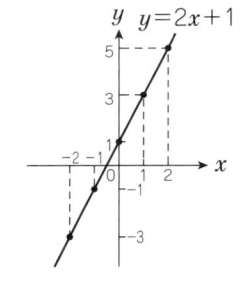

② 1 次関数を $y = ax + b$ とおく。
傾き $a = 3$ を代入すると，
$y = 3x + b$ となる。
また，点 $(2, 8)$ を通るので，
これを代入すると，$8 = 6 + b$
よって，$b = 2$
したがって，$\underline{y = 3x + 2}$ となる。

$y = ax + b$
$\downarrow$ $a = 3$ を代入
$y = 3x + b$
$\downarrow$ 点 $(2, 8)$ を代入
$8 = 6 + b$

実践　1次関数を求める

次の1次関数のグラフを書いてください。
① $y = -x + 3$
次の条件を満たす1次関数を求めてください。
② グラフの切片が2で，点(4, −6) を通る。

答と解説

① x に色々な数字を代入して，y の値を求める。
⇓
$\begin{cases} x=-2 のとき, y=-(-2)+3=5 \\ \rightarrow (-2, 5) \\ x=-1 のとき, y=-(-1)+3=4 \\ \rightarrow (-1, 4) \\ x=0 のとき, y=-0+3=3 \rightarrow (0, 3) \\ x=1 のとき, y=-1+3=2 \rightarrow (1, 2) \\ x=2 のとき, y=-2+3=1 \rightarrow (2, 1) \end{cases}$
⇓
求めた座標を直線で結ぶ。

② 1次関数を $y = ax + b$ とおく。
切片 $b = 2$ を代入すると，
$y = ax + 2$ となる。
また，点(4, −6)を通るので，
これを代入すると
$-6 = 4a + 2$
よって，$a = -2$ となる。
したがって，$\underline{y = -2x + 2}$

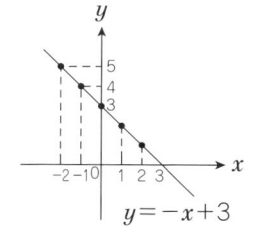

$y = ax + b$
↓ $b=2$ を代入
$y = ax + 2$
↓ 点(4, −6) を代入
$-6 = 4a + 2$

練習　1次関数の応用

右の図の台形 ABCD で，点 P は辺 AB 上を A から B まで動きます。
点 P が A から x cm 動いたときの多角形 APCD の面積を y cm² とします。 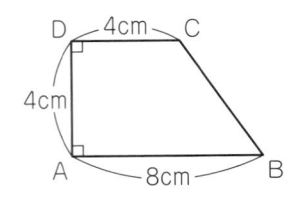
① AP の長さが 2cm のときの，多角形 APCD の面積を求めてください。
② y を x の式で表してください。

ここがコツ　図を書いて，面積の公式に x と y を当てはめる

答と解説

① AP＝2cm のときの多角形 APCD は，上底が 4cm，下底が 2cm，高さが 4cm の台形になる。

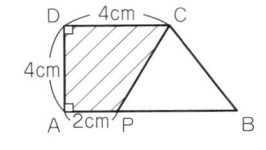

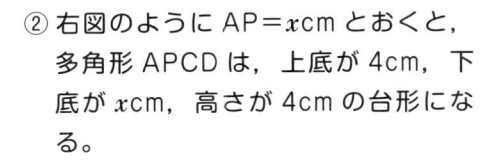

台形の面積＝(上底＋下底)×高さ÷2
　　　　　＝(4 ＋ 2)× 4 ÷2
　　　　　＝12(cm²)

② 右図のように AP＝$x$cm とおくと，多角形 APCD は，上底が 4cm，下底が $x$cm，高さが 4cm の台形になる。

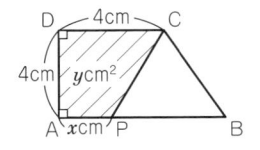

台形の面積＝(上底＋下底)×高さ÷2
　　　　y＝(4 ＋ x)× 4 ÷2
　　　　y＝(4 ＋ x)× 2
　　　　y＝2x＋8

実践　1次関数の応用

右の図の長方形 ABCD で，点 P は辺 AB 上を A から B まで動きます。
点 P が A から $x$cm 動いたときの多角形 PBCD の面積を $y$cm² とします。
① AP の長さが 3cm のときの，多角形 PBCD の面積を求めてください。
② y を x の式で表してください。

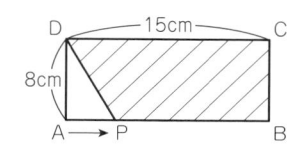

答と解説

① AP＝3cm のとき，多角形 PBCD は，上底が 15cm，下底が 12cm，高さが 8cm の台形になる。

台形の面積＝（上底＋下底）×高さ÷2
　　　　　＝(15 ＋ 12)× 8 ÷2
　　　　　＝108 (cm²)

② 右図のように AP＝$x$cm とおくと，PB＝(15−x)cm と表すことができる。
多角形 PBCD は，上底が 15cm，下底が (15−x)cm，高さが 8cm の台形になる。

台形の面積＝(上底 ＋ 下底)×高さ÷2
y＝{15+(15−x)}× 8 ÷2
y＝(30 − x)× 4
y＝−4x＋120

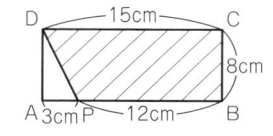

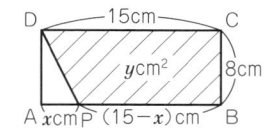

5時限目 ３日目 2次関数

～放物線を描き，急速に変化する～

本日の最後に学ぶのが「2次関数」です。

2次関数……。
2次という名前がついてるから，x^2 が登場してくるのかな？

その通りです，遼太くん。
2次関数は「$y=ax^2$」の式で表されます。

―― 2次関数 ――
$$y = ax^2$$

例えば $a=1$ のとき，つまり $y=ax^2$ のとき，x と y がどんな対応関係になっているか調べてみましょう。

$x=0$ のとき，$y=0^2=0$
$x=1$ のとき，$y=1^2=1$
$x=2$ のとき，$y=2^2=4$
$x=3$ のとき，$y=3^2=9$
　　　⋮

ですね。

では表にしてまとめましょう。

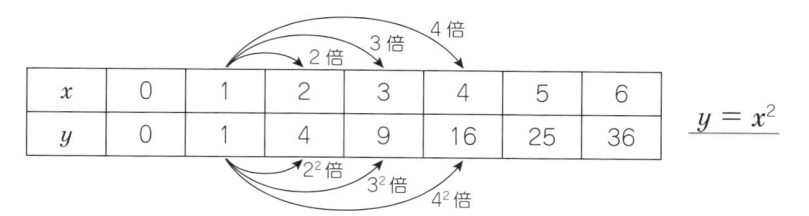

x	0	1	2	3	4	5	6
y	0	1	4	9	16	25	36

$y = x^2$

上段: 2倍, 3倍, 4倍
下段: 2^2倍, 3^2倍, 4^2倍

😊 x が2倍，3倍，4倍になると，
y は 2^2 倍，3^2 倍，4^2 倍になっている！
y の値は急速にグングン増えているね。

🧑‍🏫 そうですね。
2次関数では「y は x の2乗に比例する」のです。
さらに色々な値を調べて，グラフを書いてみましょう。

x	-4	-3	-2	-1	0	1	2	3	4
y	16	9	4	1	0	1	4	9	16

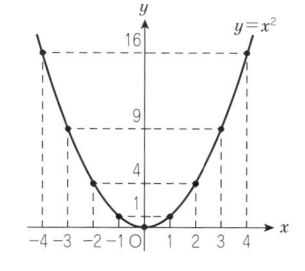

右図のように座標を結んでいくと，滑らかな 放物線 を描くことがわかります。

😊 ・y は x の2乗に比例する
・グラフは放物線を描く
これが2次関数「$y = ax^2$」の特徴だね！

練習　2次関数を求める

① 次の2次関数のグラフをかいてください。
　　$y=2x^2$
② y は x の2乗に比例し，$x=3$ のとき $y=36$ です。
　（1）y を x の式で表してください。
　（2）$x=5$ のときの y の値を求めてください。

> 💡 **ここがコツ**　y は x の2乗に比例する ⇒ $y=ax^2$ とおく

答と解説

① x に色々な数字を代入して，表にまとめる。

x	−2	−1	0	1	2
y	8	2	0	2	8

⇒ 滑らかに結ぶ

② (1)
$y=ax^2$ とおき，$x=3, y=36$ を代入する。
$36=9a$
$a=4$
よって，$\underline{y=4x^2}$ となる。

(2)
$y=4x^2$ に $x=5$ を代入する。
$y=4\times5^2$
　$=100$
よって，$\underline{y\text{ の値は }100}$ となる。

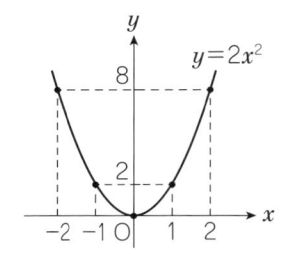

$y=ax^2$
　↓ $x=3,\ y=36$ を代入
$36=a\times3^2$

$y=4x^2$
　↓ $x=5$ を代入
$y=4\times5^2$

実践　2次関数を求める

① 次の2次関数のグラフをかいてください。
$y = -x^2$

② y は x の2乗に比例し，$x=2$ のとき $y=-20$ です。
(1) y を x の式で表してください。
(2) $x=-3$ のときの y の値を求めてください。

答と解説

① x に色々な数字を代入して，y の値を求める。
⇩

$\begin{cases} x=-2 \text{ のとき，} y=-(-2)^2=-4 \\ \to (-2, -4) \\ x=-1 \text{ のとき，} y=-(-1)^2=-1 \\ \to (-1, -1) \\ x=0 \text{ のとき，} y=-0^2=0 \quad \to (0, 0) \\ x=1 \text{ のとき，} y=-1^2=-1 \to (1, -1) \\ x=2 \text{ のとき，} y=-2^2=-4 \to (2, -4) \end{cases}$

⇩
座標を滑らかに結ぶ

x	-2	-1	0	1	2
y	-4	-1	0	-1	-4

②(1) $y=ax^2$ とおき，$x=2, y=-20$ を代入する。
$-20=4a$
$a=-5$
よって，$\underline{y=-5x^2}$ となる。

$y=ax^2$
↓ $x=2, y=-20$ を代入
$-20=a\times 2^2$

②(2) $y=-5x^2$ に $x=-3$ を代入する。
$y=-5\times(-3)^2$
$=-45$
よって，y の値は $\underline{-45}$ となる。

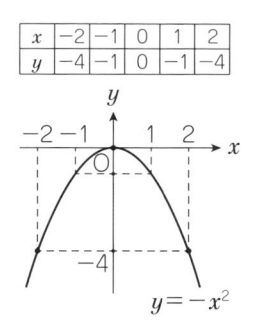

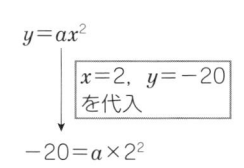

$y=-5x^2$
↓ $x=-3$ を代入
$y=-5\times(-3)^2$

> 練習　2次関数の応用

関数 $y=x^2$ のグラフと関数 $y=x+2$ のグラフが右のように2点A，Bで交わっています。
次の問に答えてください。
① 交点 A，B の座標を求めてください。
② 点 C の座標を求めてください。
③ △OAB の面積を求めてください。

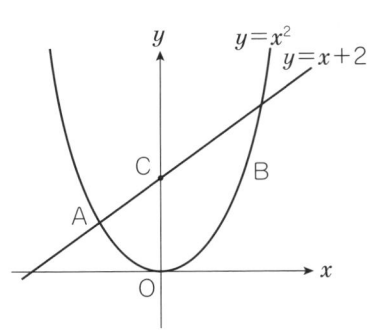

ここがコツ　2次方程式を解いて交点を求める

答と解説

① 交点では $y=x^2$ と $y=x+2$ が一致しているので，お互いを＝で結ぶ。

$$\begin{cases} y=\boxed{x^2} \\ \| \\ y=\boxed{x+2} \end{cases} \rightarrow \begin{array}{l} x^2=x+2 \\ x^2-x-2=0 \\ (x-2)(x+1)=0 \\ x=-1,2 \end{array}$$

$x=\boxed{2}$ のとき，$y=\boxed{2}^2=4 \rightarrow (\boxed{2},4)$
$x=-1$ のとき，$y=(-1)^2=1 \rightarrow (-1,1)$
図より，A$(-1,1)$，B$(2,4)$

$\begin{cases} 1\text{次関数} \\ \quad\text{と}\quad\text{の交点} \\ 2\text{次関数} \end{cases}$
　　⇓
2次方程式を解く

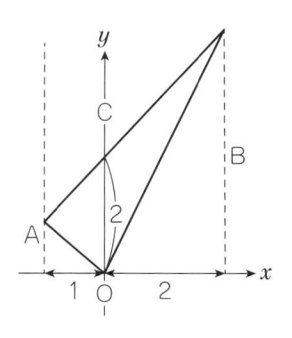

② 点 C は 1 次関数 $y=x+2$ が y 軸と交わっている点なので，C(0, 2) となる。

③ △OAB ＝ △OAC ＋ △OBC
　　　　＝ $\frac{1}{2}$ × 2 × 1 ＋ $\frac{1}{2}$ × 2 × 2
　　　　　　$\frac{1}{2}$ ×底辺×高さ　$\frac{1}{2}$ ×底辺×高さ
　　　　＝　　1　　＋　　2
　　　　＝　　3

OC を底辺にすると
$\begin{cases} △\text{OAC の高さは 1} \\ △\text{OBC の高さは 2} \end{cases}$

4日目

平面図形・空間図形

「小学生のころから，ずっと図形の問題が嫌いだ〜」
そんな方にオススメするのは，「とにかく自分で図を書いてみること」です。

教科書や問題集（そして本書）に書かれた図をただ眺めているだけでなく，実際に自分の手を動かして書いてみてください。
問題に与えられた情報を書き込み，そして，自ら計算して求めたものもドンドン書き込んでいく……。

すべて書き終えるころにはきっと，答えが求まっていることでしょう。

4日目 1時限目 おうぎ形の面積

～1台の誕生日ケーキを，家族で分け合いました～

👨‍🏫 今日は平面図形・空間図形を学びましょう。

😖 いよいよ図形か……。
面積や体積，角度が出てくるんだよね？

👨‍🏫 そうですよ。
1つ1つとり組めば決して難しくないので，そう身構えなくても大丈夫です。
まずは「おうぎ形の面積」から始めましょう。

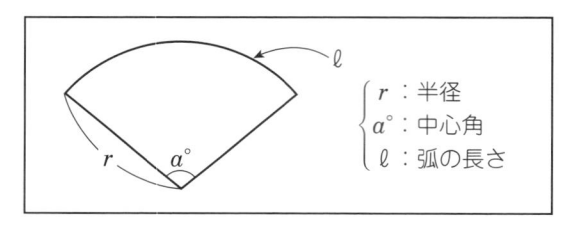

$\begin{cases} r : 半径 \\ a° : 中心角 \\ \ell : 弧の長さ \end{cases}$

おうぎ形の面積の求め方は，
1台のケーキを家族で分け合う姿をイメージするといいでしょう。

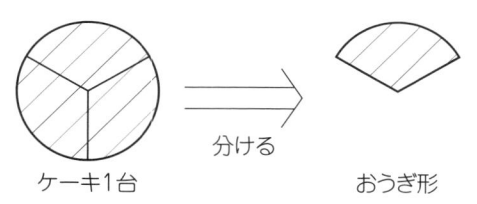

ケーキ1台 → 分ける → おうぎ形

3つに分ける

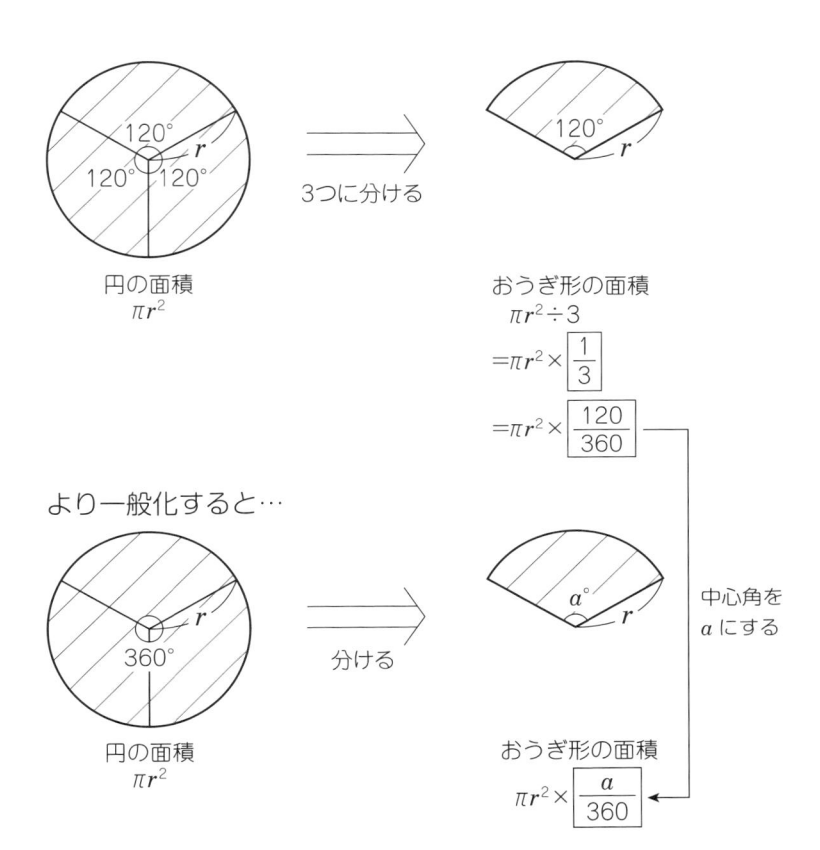

円の面積
πr^2

おうぎ形の面積
$\pi r^2 \div 3$
$= \pi r^2 \times \boxed{\dfrac{1}{3}}$
$= \pi r^2 \times \boxed{\dfrac{120}{360}}$

より一般化すると…

分ける

中心角を a にする

円の面積
πr^2

おうぎ形の面積
$\pi r^2 \times \boxed{\dfrac{a}{360}}$

😊 なるほど！
円を分割して，おうぎ形になると考えればいいんだね。

$$\text{おうぎ形の面積} \quad S = \pi r^2 \times \dfrac{a}{360}$$

4日目 平面図形・空間図形

練習　面積と弧の長さ

① 半径が6cm，中心角が120°のおうぎ形の面積を求めてください。
② 半径が12cm，中心角が45°のおうぎ形の面積を求めてください。

ここがコツ

おうぎ形の面積　$S = \pi r^2 \times \dfrac{a}{360}$

おうぎ形の弧の長さ　$\ell = 2\pi r \times \dfrac{a}{360}$

答と解説

① $S = \pi r^2 \times \dfrac{a}{360}$

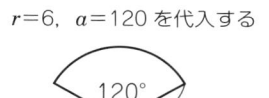

$= 36\pi \times \dfrac{120}{360}$

約分する

$= 36\pi \times \dfrac{1}{3}$

$= \underline{12\pi \, (\text{cm}^2)}$

面積の公式に
$r=6$，$a=120$ を代入する

② $S = \pi r^2 \times \dfrac{a}{360}$

$= 144\pi \times \dfrac{45}{360}$

約分する

$= 144\pi \times \dfrac{1}{8}$

$= \underline{18\pi \, (\text{cm}^2)}$

面積の公式に
$r=12$，$a=45$ を代入する

実践　面積と弧の長さ

① 半径が 6cm，中心角が 120°のおうぎ形の弧の長さを求めてください。

② 半径が 12cm，中心角が 45°のおうぎ形の弧の長さを求めてください

答と解説

① 右図より，弧の長さ $\ell = 2\pi r \times \dfrac{a}{360}$

これに $r=6$，$a=120$ を代入する。

$\ell = 12\pi \times \dfrac{120}{360}$

$= 12\pi \times \dfrac{1}{3}$

$= \underline{4\pi}$ (cm)

約分する

② $\ell = 2\pi r \times \dfrac{a}{360}$

$= 24\pi \times \dfrac{45}{360}$

$= 24\pi \times \dfrac{1}{8}$

$= \underline{3\pi}$ (cm)

約分する

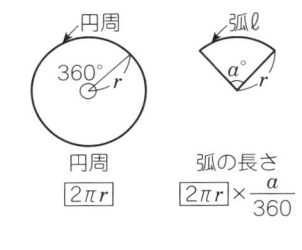

円周　　　　　弧 ℓ

360°　　　　　$a°$
　r　　　　　　r

円周　　　　弧の長さ
$\boxed{2\pi r}$　　$\boxed{2\pi r} \times \dfrac{a}{360}$

弧の長さの公式に
$r=12$，$a=45$ を代入する

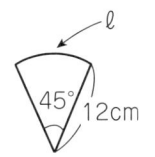

ℓ

45°　12cm

練習 　円柱・円錐

次の立体の表面積を求めてください。

① 円柱（半径3cm、高さ6cm）

② 底面の円の半径が6cmで、側面の展開図が半径10cm，中心角216°のおうぎ形になる円錐。

キーワード　体積：V (volume)　面積：S (surface)　高さ：h (height)

ここがコツ　表面積 ⇒ 展開図を書く　｜　体積 $\begin{cases} 円柱 \Rightarrow V = Sh \\ 円錐 \Rightarrow V = \dfrac{1}{3}Sh \end{cases}$

答と解説

① 下図のように展開図を書く

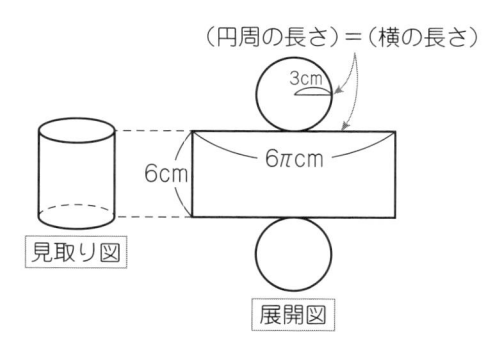

（円周の長さ）＝（横の長さ）

見取り図／展開図（3cm、6cm、6π cm）

表面積＝（円の面積）×2＋（長方形の面積）

$S = 9\pi \times 2 + \underbrace{6 \times 6\pi}_{縦 \times 横}$

　$= 18\pi + 36\pi$

　$= 54\pi \ (\text{cm}^2)$

②下図のように展開図を書く

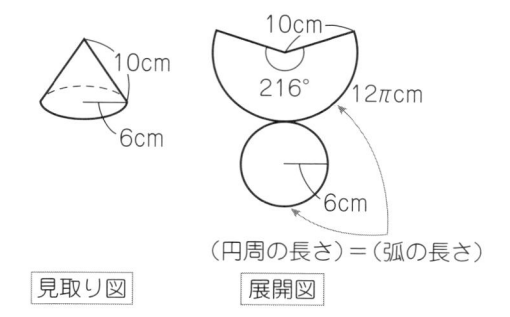

[見取り図] [展開図]

(円周の長さ)=(弧の長さ)

表面積＝おうぎ形の面積＋円の面積

$$S = 100\pi \times \frac{216}{360} + 36\pi$$
$$ = 60\pi + 36\pi$$
$$ = \underline{96\pi \,(\text{cm}^2)}$$

2時限目 多角形の内角と外角

4日目

~三角形に分割して考えるとカンタンだ！~

🧑‍🏫 2時間目は図形の角度問題です。

🙂 図形の角度というと,「三角形の内角の和は180°」が頭に浮かんでくる。

🧑‍🏫 小学校で習った, おなじみの角度ですね。
では, その他の多角形の内角の和がどうなっているか, 調べてみましょう。

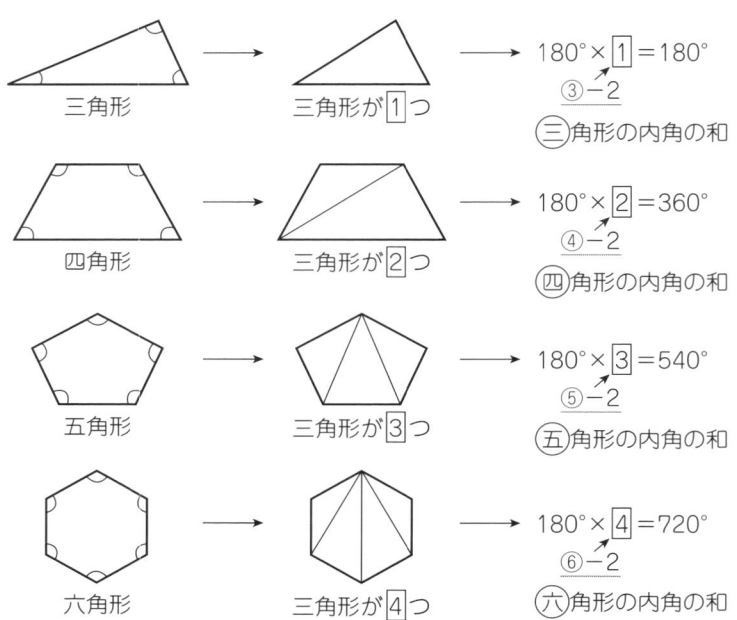

三角形 → 三角形が $\boxed{1}$ つ → $180° \times \boxed{1} = 180°$
　　　　　　　　　　　　　　　　　③−2
　　　　　　　　　　　　　　　　㊂角形の内角の和

四角形 → 三角形が $\boxed{2}$ つ → $180° \times \boxed{2} = 360°$
　　　　　　　　　　　　　　　　　④−2
　　　　　　　　　　　　　　　　㊃角形の内角の和

五角形 → 三角形が $\boxed{3}$ つ → $180° \times \boxed{3} = 540°$
　　　　　　　　　　　　　　　　　⑤−2
　　　　　　　　　　　　　　　　㊄角形の内角の和

六角形 → 三角形が $\boxed{4}$ つ → $180° \times \boxed{4} = 720°$
　　　　　　　　　　　　　　　　　⑥−2
　　　　　　　　　　　　　　　　㊅角形の内角の和

このように多角形の内角の和は，三角形に分割して考えます。

○角形の場合，(○−2) 個の三角形に分割できますね。なので，○角形の内角の和は，180°×(○−2) となります。

つまり「n角形の内角の和」は「180°×(n−2)」になるんだね。じゃあ，外側の角度（外角）はどうなっているのかな？

外角ですね。
わかりやすくするため，正多角形で考えましょう。

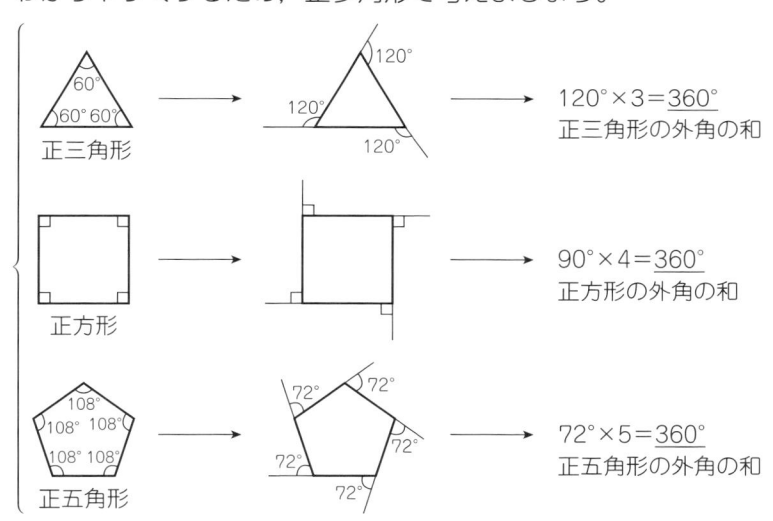

正三角形 → 120°×3＝360°
正三角形の外角の和

正方形 → 90°×4＝360°
正方形の外角の和

正五角形 → 72°×5＝360°
正五角形の外角の和

このように正多角形の外角の和は，いずれも 360°になっていますね。厳密な証明は省きますが，同様に他の多角形の外角の和も 360°になります。

n 角形の
- 内角の和 ⇒ $180° \times (n-2)$
- 外角の和 ⇒ $360°$

練習　内角と外角

① 八角形の内角の和を求めてください。
② 正六角形の1つの内角の大きさを求めてください。
③ 右の図で，
　∠x の大きさを求めてください。

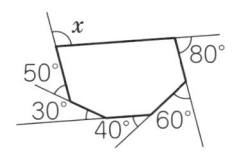

キーワード
○内角…図形の内側にある角度
○外角…図形の外側にある角度

ここがコツ　n角形の $\begin{cases} 内角の和 \Rightarrow 180° \times (n-2) \\ 外角の和 \Rightarrow 360° \end{cases}$

答と解説

① n角形の内角の和は $180° \times (n-2)$
　これに n=8 を代入して，
　$180° \times (8-2) = 180° \times 6$
　　　　　　　　　$= \underline{1080°}$ となる。

② 正六角形の内角の和は，
　$180° \times (6-2) = 720°$
　6つの内角はそれぞれ同じ大きさなので，
　$720° \div 6 = \underline{120°}$ となる。

すべて同じ
大きさの角度

正六角形

③ 多角形の外角の和は360°より，
　$\underline{\angle x + 80° + 60° + 40° + 30° + 50°} = 360°$
　　　　　外角の和　　　　　　は360°
　　　　　　　　　　　　　$\angle x = \underline{100°}$

実践　内角と外角

① 十角形の内角の和を求めてください。
② 正十五角形の1つの内角の大きさを求めてください。
③ 次の図で，∠x の大きさを求めてください。

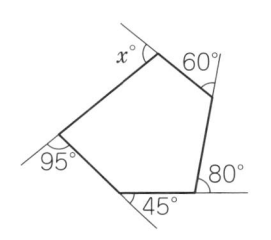

```
      x°  60°
    ╱    ╲
   ╱      ╲
  95°      80°
    ╲    ╱
     45°
```

答と解説

① n 角形の内角の和は 180°×(n−2)
これに n=10 を代入して，
180°×(10−2)＝180°×8
　　　　　　　＝1440° となる。

② 正十五角形の内角の和は，
180°×(15−2)＝2340°
　　　　　　　　↑
　　　　　　15個の合計

15個の内角はそれぞれ同じ大きさなので，
2340°÷15＝156° となる。
　合計　個数　1つあたりの角度

③ 多角形の外角の和は360°より，
∠x＋60°＋80°＋45°＋95°＝360°
　　　　外角の和　　　　　は360°

∠x＋280°　　　　　　　＝360°
よって，∠x＝80° となる。

練習 三角形の外角

次の図で，∠x の大きさを求めてください。

① （図：△ABC, ∠A=a, ∠B=b, ∠C の外角=x）

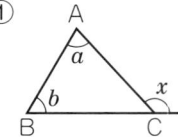

② （図：△ABC, ∠B=30°, ∠C=40°, ∠A の外角=x）

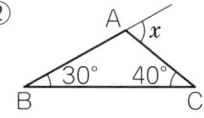

ここがコツ

三角形の外角
「となり合わない2つの内角の和に等しい」

（図：∠a, ∠b, 外角=a+b）

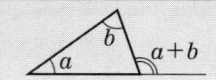

答と解説

① 三角形の内角の和は 180° なので，
∠BCA = 180° − (∠a + ∠b)
直線の角度の大きさは 180° なので，
{180° − (∠a + ∠b)} + ∠x = 180°
∠x = 180° − {180° − (∠a + ∠b)}
= ∠a + ∠b
(つまり，三角形の外角はとなり合わない2つの内角の和に等しい)

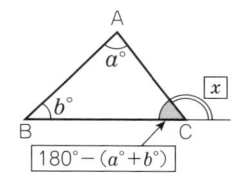

② 三角形の外角は，となり合わない2つの内角の和に等しいので，
∠x = 30° + 40° = 70°

実践　三角形の外角

① 次の図で，∠x の大きさを求めてください。

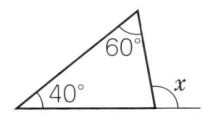

② 次の図で，∠x の大きさを求めてください。

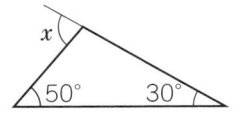

③ 右の図で，∠a＋∠b＋∠c＋∠d＋∠e の大きさを求めてくささい。

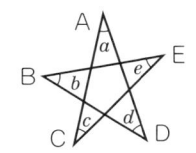

答と解説

① 三角形の外角はとなり合わない2つの内角の和に等しい

$$\angle x = 60° + 40°$$
$$= 100°$$

② 三角形の外角はとなり合わない2つの内角の和に等しい

$$\angle x = 50° + 30°$$
$$= 80°$$

③ パーツに分解して考える

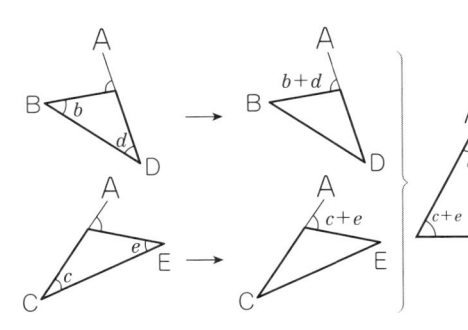

三角形の内角の和は180°なので，
∠a＋(∠c＋∠e)＋(∠b＋∠d)＝180°
よって，
∠a＋∠b＋∠c＋∠d＋∠e＝180° となる。

3時限目 4日目 平行線と角

~バッテンのお向かいさんは，同じ角度になる~

この時間は「直線と直線がなす角度」についてです。
2つの直線が交わるときにできる「お向かいさんの角」を
「対頂角」といいます。互いに向かい合う対頂角の大きさは等しくなります。

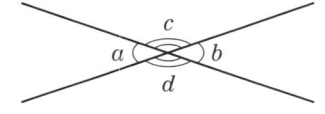

$\angle a = \angle b$ ｝ 対頂角の大きさは
$\angle c = \angle d$ ｝ 等しい

お向かいさん同士を対頂角という。

向かい合う対頂角の大きさは，同じになるんだね。
他にはどんな角度があるのかな？

平行線と直線がなす角度に，特殊なものがあります。

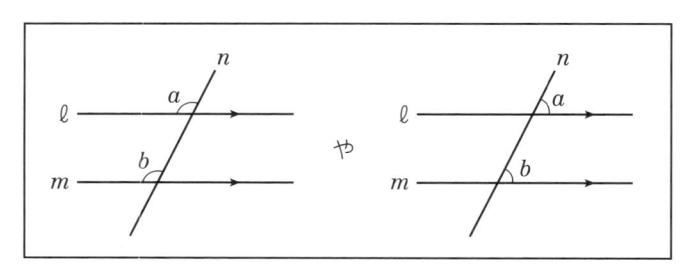

$\angle a$ と $\angle b$ の位置関係にある角度を同位角といいます。
そして直線 ℓ と直線 m が平行なとき，同位角は等しくなります。

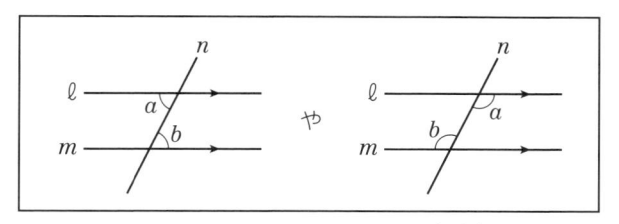

∠aと∠bの位置関係にある角度を錯角(さっかく)といいます。
直線ℓと直線mが平行なとき,錯角は等しくなります。

同位角が同じ大きさなのは何となくわかるけど,
どうして錯角も同じ大きさになるのかな……。

では対頂角と同位角の性質を使って,
錯角が等しいことを導き出しましょう。

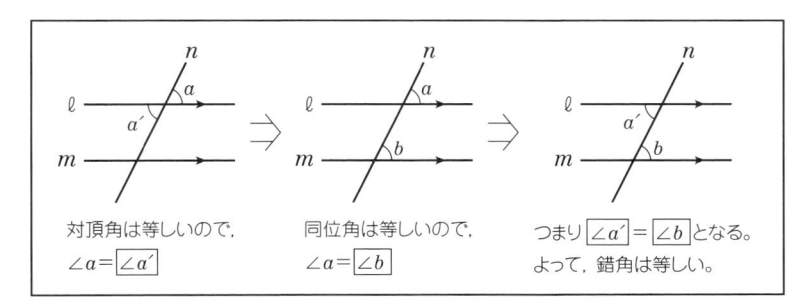

対頂角は等しいので,
∠a = ∠a′

同位角は等しいので,
∠a = ∠b

つまり ∠a′ = ∠b となる。
よって,錯角は等しい。

こうやって考えるといいんだね。理解できたよ！
最後にまとめてみるね。

- ・対頂角は等しい
- ・平行線の性質 ── ①同位角は等しい
  　　　　　　　└ ②錯角は等しい

練習 平行線と角（1）

次の図で，∠x の大きさを求めてください。
（②と③では，直線 l と直線 m は平行）

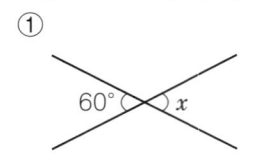

① 60°, x

② l, x, m, 50°

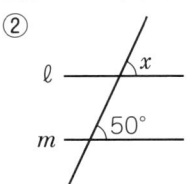

③ l, 45°, m, x

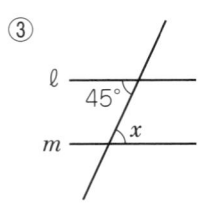

ここがコツ　錯角 ⇒ Z や N をイメージする

答と解説

① 対頂角（お向かいさん同士）は等しいので，
　∠x＝60° となる。

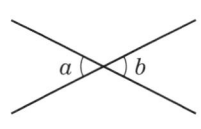

∠a と ∠b は対頂角

② 平行線の同位角は等しいので，
　∠x＝50° となる。

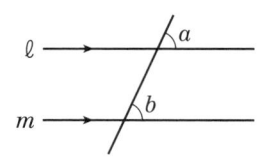

∠a と ∠b は同位角

③ 平行線の錯角は等しいので，
　∠x＝45° となる。

アルファベットの Z や N をイメージすると，錯角を見つけやすい。

実践 平行線と角（1）

① 次の図で，∠x の大きさを求めてください。

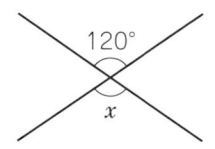

② 次の図で，∠x の大きさを求めてください。
（直線 ℓ と直線 m は平行）

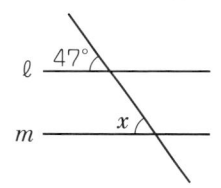

③ 次の図で，∠x の大きさを求めてください。
（直線 ℓ と直線 m は平行）

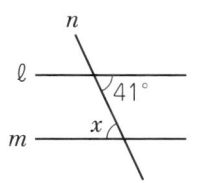

答と解説

① 対頂角は等しいので，
∠x＝120°となる。

② 平行線の同位角は等しいので，
∠x＝47°となる。

③ 平行線の錯角は等しいので，
∠x＝41°となる。

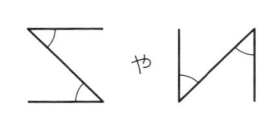

ZやNを裏返したものにも，錯角が潜んでいる。

練習 平行線と角（2）

次の図で，直線 l と直線 m が平行なとき，$\angle x$ の大きさを求めてください。

① （図：$40°$，x，$30°$）

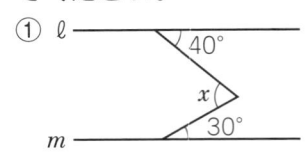

② （図：x，$110°$，$60°$）

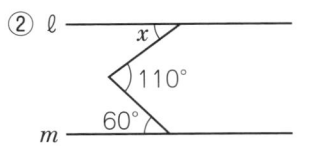

ここがコツ　折れ線の角度 ⇒ 補助線を入れる

答と解説

① 直線 l と直線 m に平行な補助線を入れる

錯角は等しい
＋
錯角は等しい

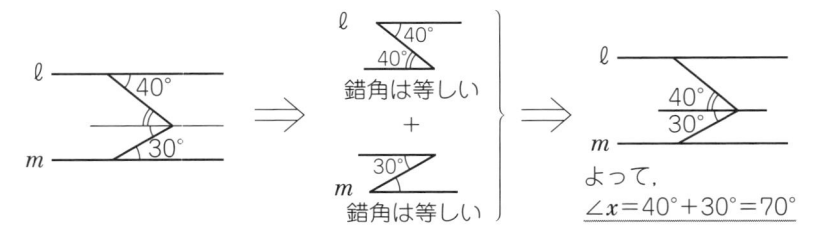

よって，
$\angle x = 40° + 30° = 70°$

② 直線 l と直線 m に平行な補助線を入れる

錯角は等しい
＋
錯角は等しい

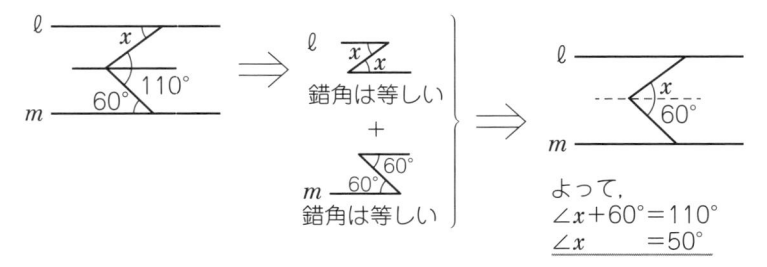

よって，
$\angle x + 60° = 110°$
$\angle x = 50°$

実践　平行線と角（2）

次の図で，直線 l と直線 m が平行なとき，∠x の大きさを求めてください。

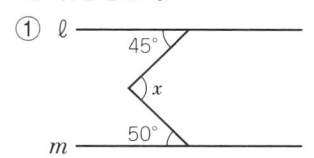

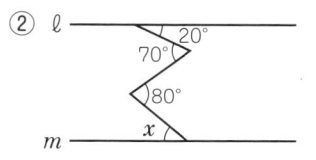

① 45°, x, 50°

② 20°, 70°, 80°, x

答と解説

①直線 l と直線 m に平行な補助線を入れる

錯角は等しい
＋
錯角は等しい

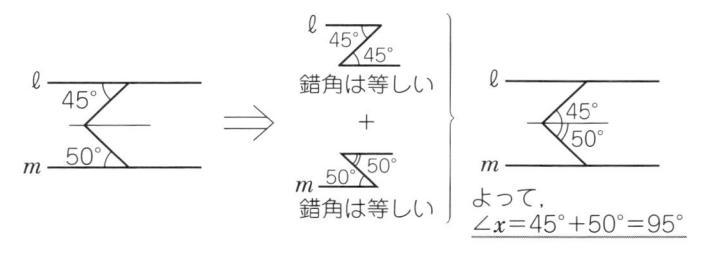

よって，
∠x＝45°＋50°＝95°

②直線 l と直線 m に平行な補助線を入れる

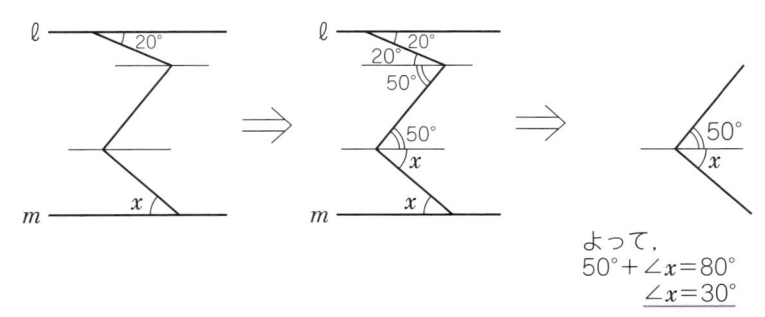

よって，
50°＋∠x＝80°
∠x＝30°

4 時限目 円の角度

4日目

〜弧の長さが一定なら，角度も一定〜

4時限目は，円の角度について学びましょう。
(円の弧)と(円周上の点)によってできる角を，
円周角といいます。

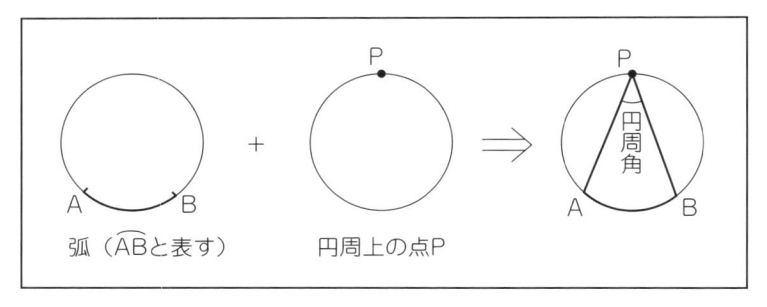

弧（$\widehat{AB}$と表す） + 円周上の点P ⇒ 円周角

そして弧の長さが同じであれば，
円周角の大きさも一定になります。

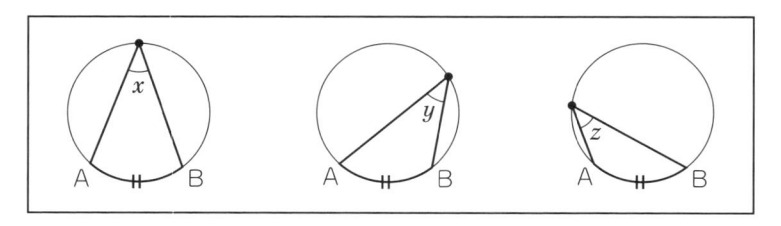

弧の長が同じなので，円周角の大きさも同じになる。
$\widehat{AB}$　　　　　　　$\angle x = \angle y = \angle z$

弧と円周上の点によってできる角を円周角といって，
弧の長さが同じなら，円周角の大きさも一定なんだね。

その通りです,遼太くん。
また,(円の弧)と(円の中心)によってできる角を,中心角といいます。

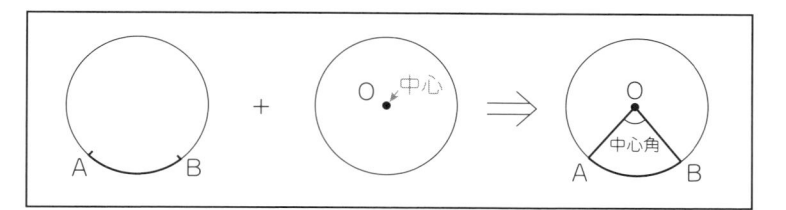

そして,(中心角の大きさ)は(円周角の大きさ)の2倍になります。

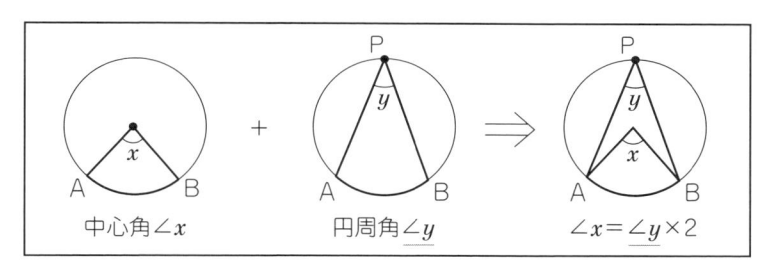

じゃあ,まとめてみるね。

① (円の弧)と(円周上の点)によってできるのが「円周角」。
② 弧の長さが同じなら,円周角の大きさも一定になる。
③ (円の弧)と(円の中心)によってでできるのが「中心角」。
④ 「中心角の大きさ」は「円周角の大きさ」の2倍になる。

練習　円周角と中心角

次の図で、∠x の大きさを求めてください。

① ② 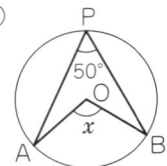 ③

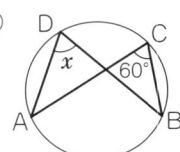

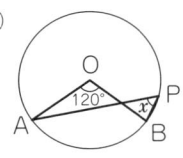

ここがコツ　円周角と中心角 ⇒ 弧に注目する

答と解説

① $\overarc{AB}$の円周角 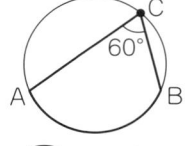 + $\overarc{AB}$の円周角

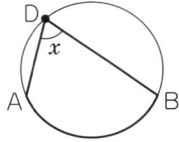

同じ弧（AB）からなる円周角どうしなので、大きさが等しくなる。よって、∠x＝60°

② $\overarc{AB}$の円周角 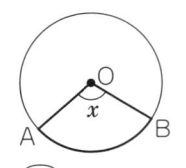 + $\overarc{AB}$の中心角

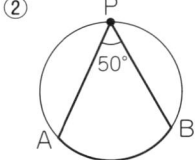

（中心角）は（円周角）の2倍
∠x ＝ 50° × 2
　　＝ 100°

③ $\overarc{AB}$の円周角 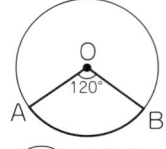　$\overarc{AB}$の中心角

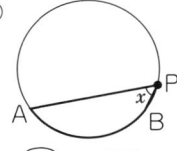

（中心角）は（円周角）の2倍
120° ＝ ∠x × 2
∠x ＝ 60°

実践 円周角と中心角

次の図で，∠x の大きさを求めてください。

① 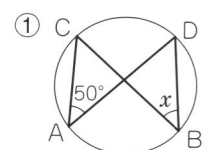 ② ③

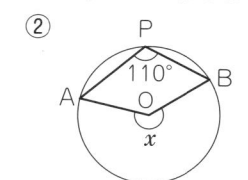

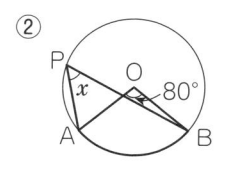

答と解説

①

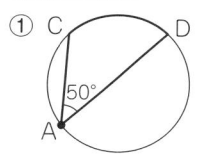

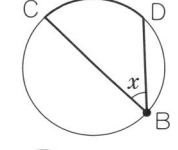

同じ弧（CD）からなる円周角どうしなので，大きさが等しくなる。よって，∠x=50°

②

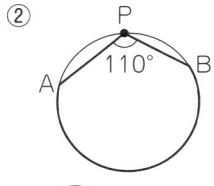

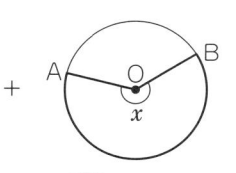

（中心角）は（円周角）の2倍
∠x = 110° × 2
   = 220°

③

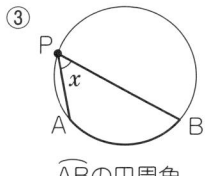

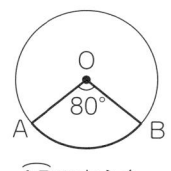

（中心角）は（円周角）の2倍
80° = ∠x × 2
∠x = 40°

練習　直径の円周角

次の図で，∠x の大きさを求めてください。

① ② 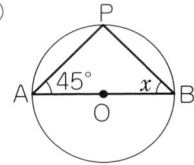 ③

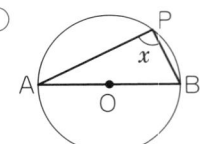

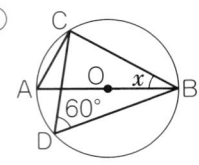

ここがコツ　直径の円周角は 90°

答と解説

①

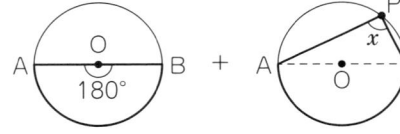

直径（$\overarc{AB}$）の中心角　　直径（$\overarc{AB}$）の円周角

（中心角）は（円周角）の 2 倍
$$180° = \angle x \times 2$$
$$\underline{\angle x = 90°}$$

※直径の円周角が 90° であることは，定理として使ってよい。

②

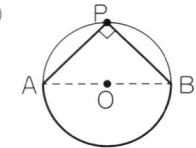

直径の円周角は 90°

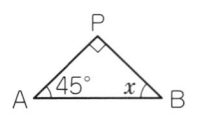

三角形の内角の和は 180° なので，
$$45° + 90° + \angle x = 180°$$
$$\underline{\angle x = 45°}$$

③

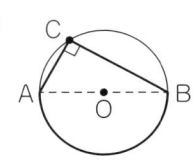

直径の円周角は 90° 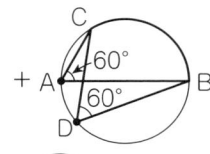　　$\overarc{BC}$ の円周角は 60°

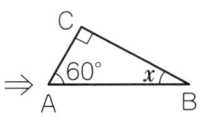

三角形の内角の和は 180° なので，
$$90° + 60° + \angle x = 180°$$
$$\underline{\angle x = 30°}$$

実践　直径の円周角

次の図で，∠x の大きさを求めてください。

① ② 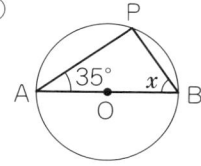 ③

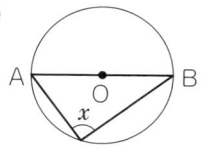

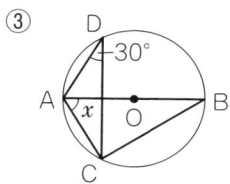

答と解説

①

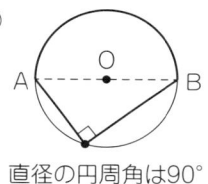

直径の円周角は 90°なので，
∠x = 90°

直径の円周角は90°

②

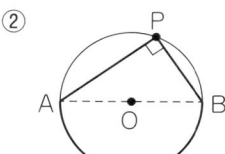

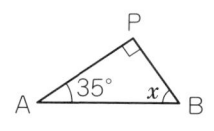

三角形の内角の和は 180°なので，
$35° + 90° + ∠x = 180°$
∠x = 55°

直径の円周角は90°

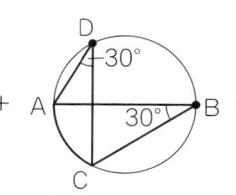

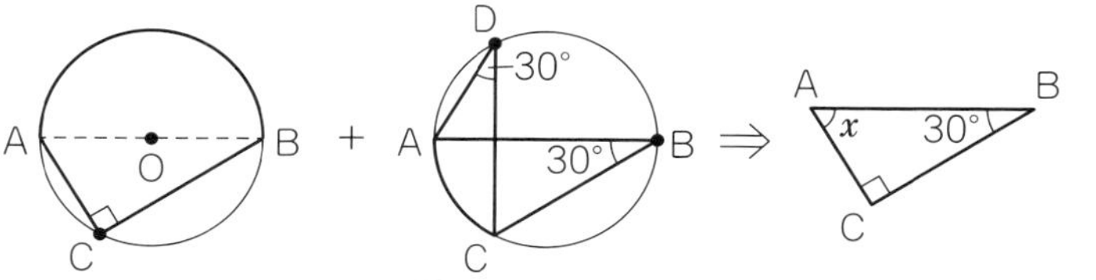

③

直径の円周角は90°　　$\overset{\frown}{AC}$の円周角は30°

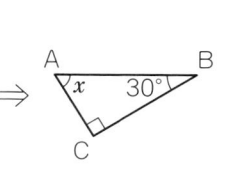

三角形の内角の和は180°なので，
$∠x + 90° + 30° = 180°$
∠x = 60°

5時限目 三平方の定理と空間図形

4日目

～直角三角形の長さを求める～

本日の締めは，中3で学ぶ「三平方の定理」です。
平方とは2乗を意味しますので，2乗が3つ登場してきます。

三平方の定理

直角三角形において，
次の関係式が成り立ちます。
$a^2+b^2=c^2$

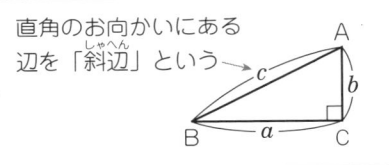

直角のお向かいにある辺を「斜辺」という

数学者ピタゴラスの名前をとって，
ピタゴラスの定理と呼ばれることもあります。

直角三角形の3辺の長さの関係を表しているんだね。
でも，どうして「$a^2+b^2=c^2$」が成り立つのかな？

いい質問ですね，遼太くん。
次ページに書いた図を使って，
三平方の定理を導き出しましょう。

直角三角形を4つ組み合わせて，
1辺の長さが $(a+b)$ の 大きい正方形 をつくると，
中に1辺の長さが c の 小さい正方形 ができます。
そして，これらの面積について考えます。

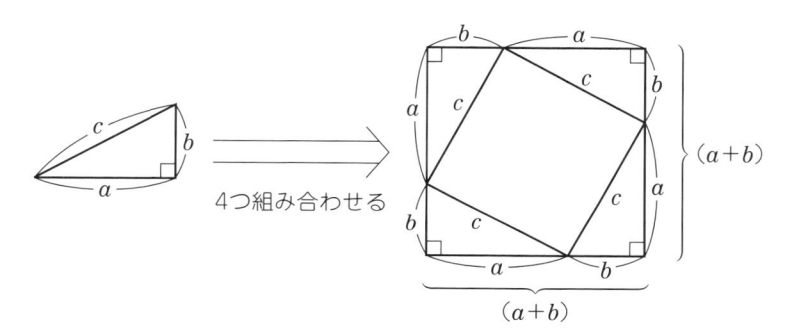

（大きい正方形）－（直角三角形4つ分）＝（小さい正方形）

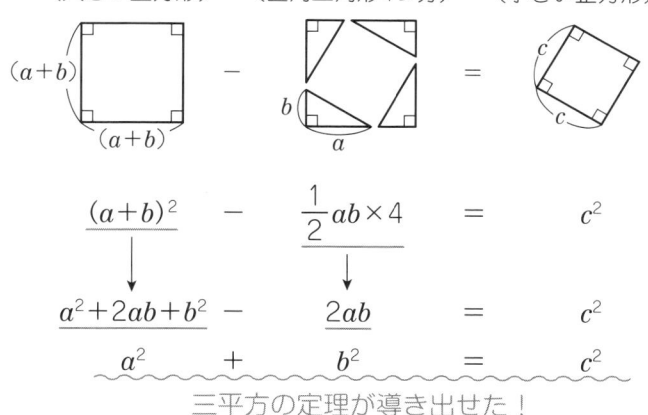

$$(a+b)^2 - \frac{1}{2}ab \times 4 = c^2$$

$$a^2 + 2ab + b^2 - 2ab = c^2$$

$$a^2 + b^2 = c^2$$

三平方の定理が導き出せた！

なるほどー。
正方形の面積を使って導くことができるんだね。
三平方の定理は「$a^2+b^2=c^2$」か。
ちゃんと理解できたよ。

| 練習 | 三平方の定理 |

次の図で，x の値を求めてください。

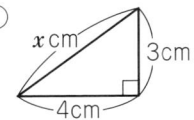

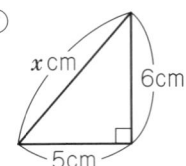

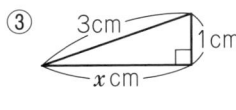

① x cm, 3cm, 4cm
② x cm, 6cm, 5cm
③ 3cm, 1cm, x cm

ここがコツ

$a^2 + b^2 = c^2$

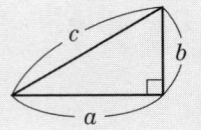

答と解説

① 三平方の定理より，
$4^2 + 3^2 = x^2$
$16 + 9 = x^2$
$x^2 = 25$
$x = \pm 5$

x は正の数なので，
$x = 5$ (cm)

② 三平方の定理より，
$5^2 + 6^2 = x^2$
$25 + 36 = x^2$
$x^2 = 61$
$x = \pm\sqrt{61}$

x は正の数なので，
$x = \sqrt{61}$ (cm)

③ 三平方の定理より，
$x^2 + 1^2 = 3^2$
$x^2 + 1 = 9$
$x^2 = 8$
$x = \pm 2\sqrt{2}$

x は正の数なので，
$x = 2\sqrt{2}$ (cm)

実践　三平方の定理

次の図で，x の値を求めてください。

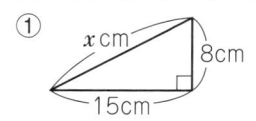

① x cm, 8cm, 15cm (直角三角形)

② x cm, 45°, 1cm, 45°, 1cm
（三角定規の直角二等辺三角形）

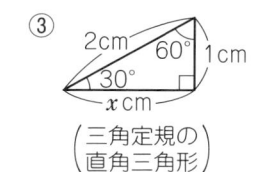

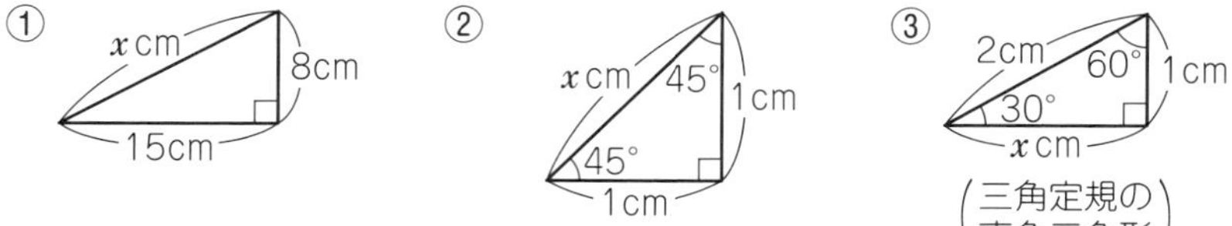

③ 2cm, 60°, 1cm, 30°, x cm
（三角定規の直角三角形）

答と解説

① 三平方の定理より，
$15^2 + 8^2 = x^2$
$225 + 64 = x^2$
$x^2 = 289$
$x = \pm 17$　　x は正の数なので，
　　　　　　　　$x = 17$ (cm)

② 三平方の定理より，
$1^2 + 1^2 = x^2$
$1 + 1 = x^2$
$x^2 = 2$
$x = \pm\sqrt{2}$　　x は正の数なので，
　　　　　　　　$x = \sqrt{2}$ (cm)

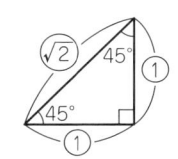

三角定規の直角二等辺三角形
（45°，45°，90°）の辺の比
（$\sqrt{2}$: 1 : 1）

③ 三平方の定理より，
$x^2 + 1^2 = 2^2$
$x^2 + 1 = 4$
$x^2 = 3$
$x = \pm\sqrt{3}$　　x は正の数なので，
　　　　　　　　$x = \sqrt{3}$ (cm)

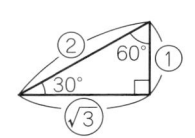

三角定規の直角三角形
（30°，60°，90°）の辺の比
（2 : 1 : $\sqrt{3}$）

4日目　平面図形・空間図形

練習 三平方の定理（2）

① 次の正三角形の面積を求めてください。

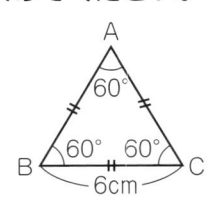

② 次の円錐の体積を求めてください。

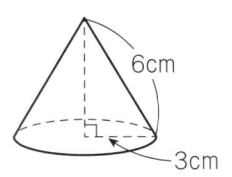

ここがコツ
高さ ⇒ 三平方の定理で求める

答と解説

① 頂点 A から底辺 BC に垂線を降ろす

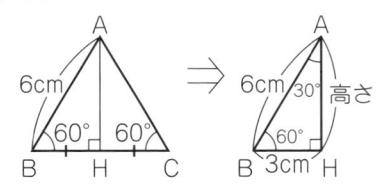

△ABH において三平方の定理より，

$3^2 + AH^2 = 6^2$

これを解いて $AH = 3\sqrt{3}$ (cm)

(三角形の面積) $= \dfrac{1}{2} \times$ (底辺) $\times$ (高さ)

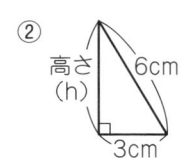

$= \dfrac{1}{2} \times 6 \times 3\sqrt{3}$

$= \underline{9\sqrt{3}}$ (cm²)

② 三平方の定理より，

$h^2 + 3^2 = 6^2$

これを解いて $h = 3\sqrt{3}$ (cm)

(円錐の体積) $= \dfrac{1}{3} \times$ (底面積) $\times$ (高さ)

$= \dfrac{1}{3} \times 9\pi \times 3\sqrt{3}$

$= \underline{9\sqrt{3}\,\pi}$ (cm³)

実践　三平方の定理（2）

次の立体の体積を求めてください。

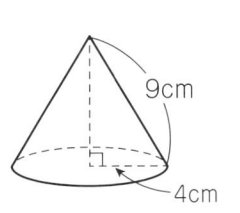

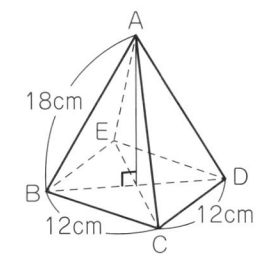

① 円錐　　　　　　② 正四角錐

答と解説

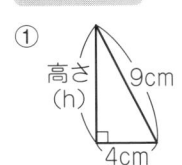

① 三平方の定理より，
$h^2 + 4^2 = 9^2$
これを解いて
$h = \sqrt{65}$ (cm)

(円錐の体積) $= \dfrac{1}{3} \times$ (底面積) $\times$ (高さ)
$= \dfrac{1}{3} \times 16\pi \times \sqrt{65}$
$= \underline{\dfrac{16\sqrt{65}}{3}\pi}$ (cm³)

② 立体を真上から眺める

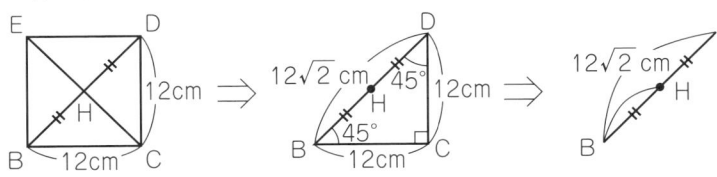

三平方の定理より，
$BD = 12\sqrt{2}$ cm

BHはBDの長さの半分。
よって，$BH = 6\sqrt{2}$ cm

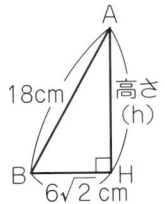

△ABH において
三平方の定理より，
$(6\sqrt{2})^2 + h^2 = 18^2$
これを解いて，
$h = 6\sqrt{7}$ (cm)

(正四角錐の体積) $= \dfrac{1}{3} \times$ (底面積) $\times$ (高さ)
$= \dfrac{1}{3} \times 12^2 \times 6\sqrt{7}$
$= \underline{288\sqrt{7}}$ (cm³)

5日目

図形の証明

4日目に引き続いて図形問題を扱いますが，内容はガラリと変わります。

今回は角度や長さを求めるものではなく，図形の証明問題がメインになります。2つの三角形が合同（または相似）になることを，数学用語を使って説明していきます。

図形の性質を根拠にして，話の筋道を立てて論理的に説明していく，いわば数学の作文なのです。

5日目
1時限目 三角形の合同

～図形版「ウォーリーを探せ」～

🧑‍🏫 今日は図形の証明をやりましょう。
その準備として、まずは三角形の合同からスタートです。

🧒 合同って名前からイメージすると，
「合わせて同じになる」ってことかな？

🧑‍🏫 その通りです，遼太くん。
下のように，片方を移動させると
もう片方にぴったり重ね合わせることができるとき，
2つの三角形は「合同である」といいます。

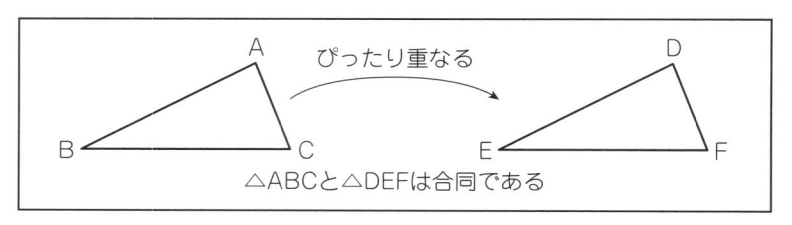

△ABCと△DEFは合同である

そして△ABC と△DEF が合同であることを
△ABC≡△DEF と表します。

🧒 2つの三角形が合同になるためには，
何か特別な条件が必要なのかな？

そうですね。
2つの三角形が合同になるためには，
次の3つの条件のうち，どれか1つを満たす必要があります。

① 3組の辺がそれぞれ等しい

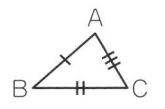

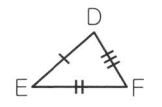

| AB=DE |
| BC=EF | 3組の辺
| CA=FD |

② 2組の辺とその間の角がそれぞれ等しい

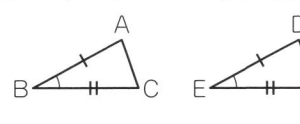

| AB=DE |
| BC=EF | 2組の辺

| ∠ABC=∠DEF | その間の角

③ 1組の辺とその両端の角がそれぞれ等しい

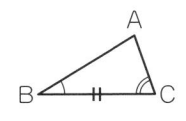

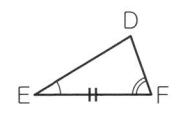

| BC=EF | 1組の辺

| ∠B=∠E |
| ∠C=∠F | その両端の角

そっか。
この3つの条件のうち，
どれか1つでも当てはまれば三角形は合同になるんだね。

その通りです。
次のページで，この3つの条件に当てはめながら
合同な三角形の組を見つけましょう。
図形版「ウォーリーを探せ」です！

練習　三角形の合同（1）

次の中から合同な三角形の組を3つ見つけてください。

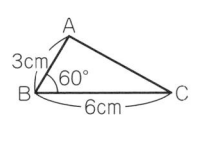

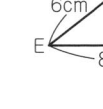

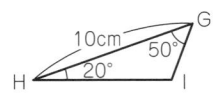

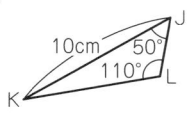

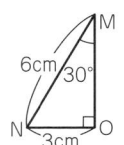

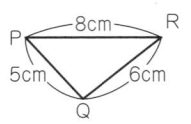

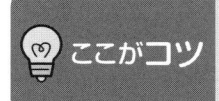

ここがコツ

- 3組の辺がそれぞれ等しい
- 2組の辺とその間の角がそれぞれ等しい
- 1組の辺とその両端の角がそれぞれ等しい

答と解説

① 3組の辺がそれぞれ等しいので，△DEF≡△QRP

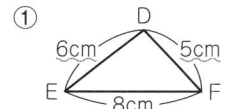

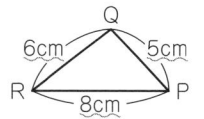

② 2組の辺と(その間の角)がそれぞれ等しいので，△ABC≡△ONM

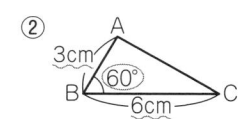

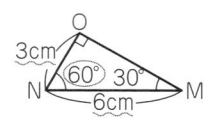

③ 1組の辺と(その両端の角)がそれぞれ等しいので，△IHG≡△LKJ

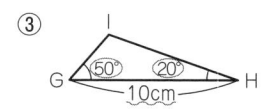

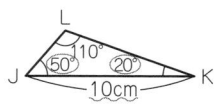

実践 三角形の合同(1)

次の中から合同な三角形の組を3つ見つけてください。

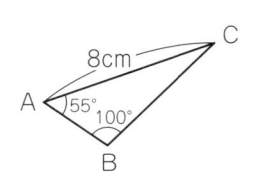

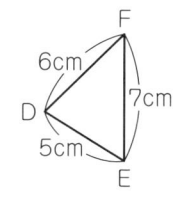

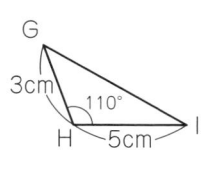

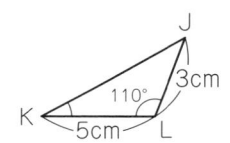

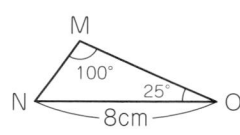

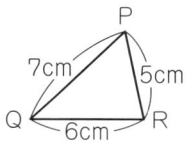

答と解説

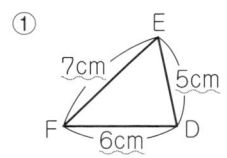

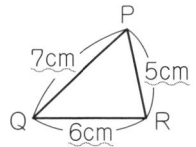

① 3組の辺がそれぞれ等しいので，△EDF≡△PRQ

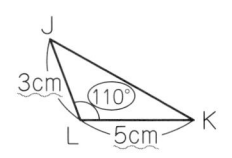

② 2組の辺と(その間の角)がそれぞれ等しいので，△GHI≡△JLK

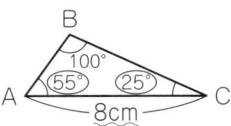

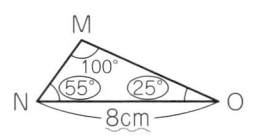

③ 1組の辺と(その両端の角)がそれぞれ等しいので，△ABC≡△NMO

練習　三角形の合同（2）

次の図で，合同な三角形を見つけてください。

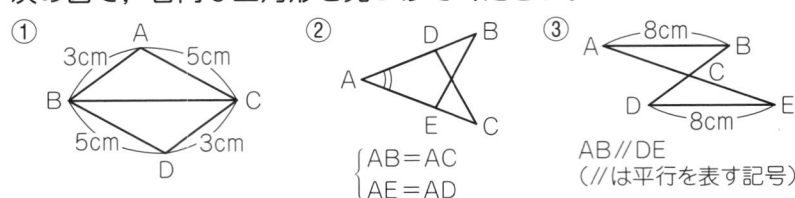

① 3cm, 5cm, 5cm, 3cm (A,B,C,D)

② $\begin{cases} AB=AC \\ AE=AD \end{cases}$

③ 8cm, 8cm
AB∥DE
（∥は平行を表す記号）

ここがコツ　2つの三角形を同じ向きに並べて考える

答と解説

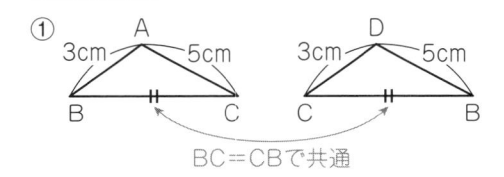

①
BC=CBで共通

（3組の辺）がそれぞれ等しいので，△ABC≡△DCB

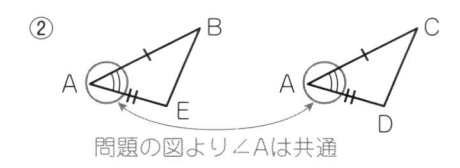

②
問題の図より∠Aは共通

（2組の辺）と（その間の角）がそれぞれ等しいので，△AEB≡△ADC

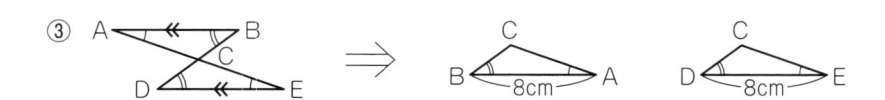

③
平行線の錯角は等しいので
∠A=∠E, ∠B=∠D

（1組の辺）と（その両端の角）がそれぞれ等しいので
△ABC≡△EDC

実践　三角形の合同 (2)

次の図で，合同な三角形の組を見つけてください。

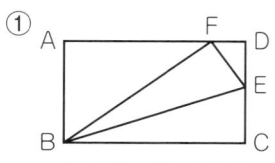

① 長方形ABCDを線分BEで折り返したもの

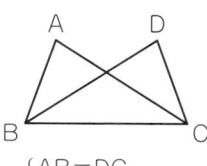

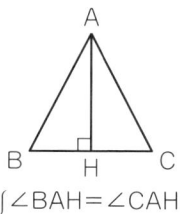

② $\begin{cases} AB=DC \\ \angle ABC=\angle DCB \end{cases}$

③ $\begin{cases} \angle BAH=\angle CAH \\ \angle AHB=90° \end{cases}$

答と解説

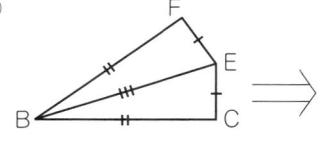

① 折り返したものなので
それぞれの長さが等しくなる

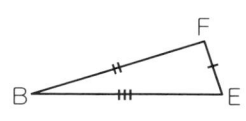

(3組の辺)がそれぞれ等しいので，
△BEF≡△BEC

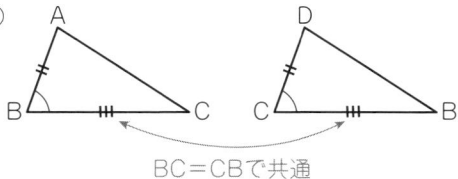

② BC＝CBで共通

(2組の辺)と(その間の角)が
それぞれ等しいので，
△ABC≡△DCB

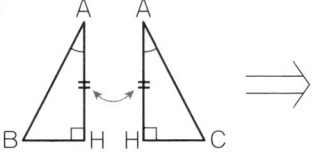

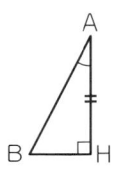

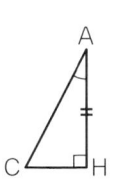

③ (1組の辺)と(その両端の角)が
それぞれ等しいので，
△ABH≡△ACH

2時限目 三角形の相似

5日目

〜三角形を拡大・縮小コピーしました〜

🧑‍🏫 合同の次は相似（そうじ）に進みましょう。

🤔 相似って??

🧑‍🏫 相似は合同の兄弟のようなものです。
形がまったく同じで，ぴったり重ね合わせることのできるものを合同といいました。
一方の相似は，もともとの図形を拡大または縮小した関係になります。

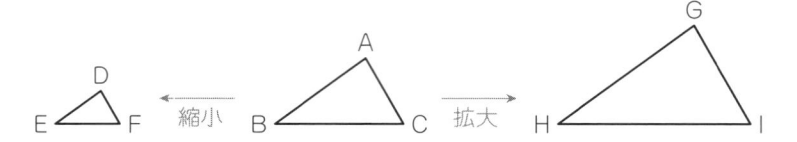

$$\triangle DEF \xleftarrow{縮小} \triangle ABC \xrightarrow{拡大} \triangle GHI$$

😊 そっか〜。
相似は拡大コピーや縮小コピーをとるイメージだね。

🧑‍🏫 そうですね。
△ABC と△DEF が相似であることを
△ABC∽△DEF と表します。
そして，相似な三角形になるための条件は次の3つです。

① (3組の辺)の比がすべて等しい。

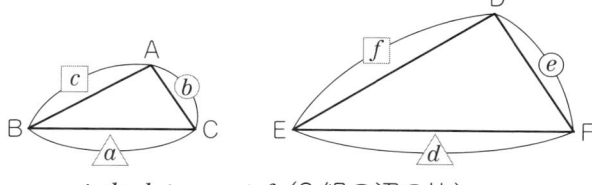

$a:d=b:e=c:f$ （3組の辺の比）

② (2組の辺の比)と(その間の角)がそれぞれ等しい。

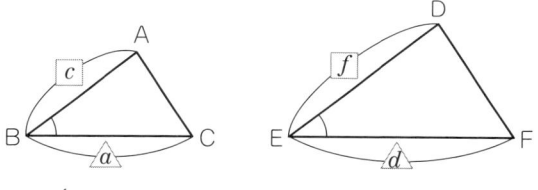

$\begin{cases} a:d=c:f \text{ (2組の辺の比)} \\ \angle B=\angle E \text{ (その間の角)} \end{cases}$

③ 2組の角がそれぞれ等しい。

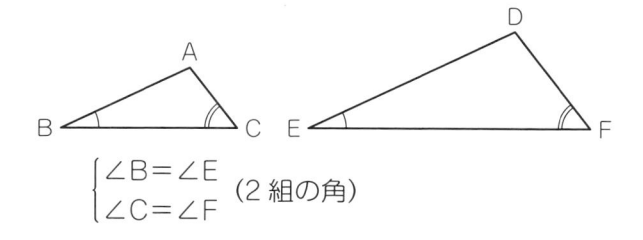

$\begin{cases} \angle B=\angle E \\ \angle C=\angle F \end{cases}$ （2組の角）

合同になるための条件も3つだったけど、
相似になるための条件も3つなんだね。

そうですね。
合同条件と相似条件は後で学ぶ「証明問題」で使いますので、
しっかり頭に入れておいてください。

| 練習 | 三角形の相似（1） |

次の中から相似な三角形の組を3つ見つけてください。

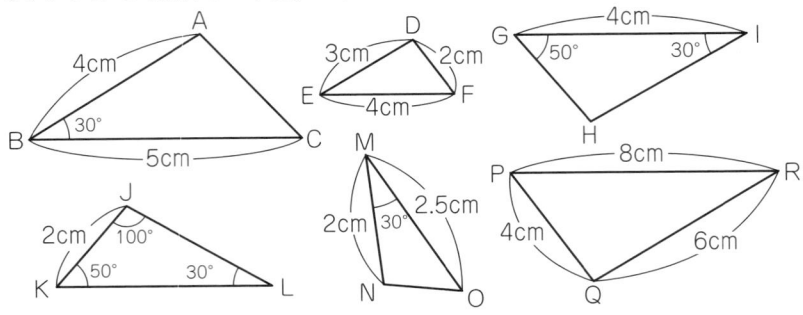

ここがコツ

- 3組の辺の比がすべて等しい
- 2組の辺の比とその間の角がそれぞれ等しい
- 2組の角がそれぞれ等しい

答と解説

①

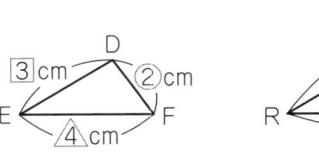

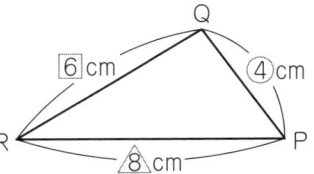

$\begin{cases} DE : QR = \boxed{3} : \boxed{6} = 1 : 2 \\ DF : QP = ② : ④ = 1 : 2 \\ EF : RP = △ : △ = 1 : 2 \end{cases}$

(3組の辺の比)がすべて等しいので，△DEF∽△QRP

②

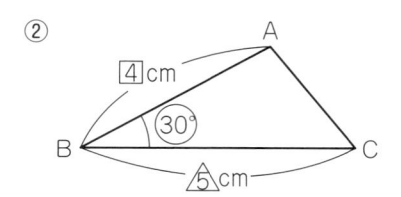

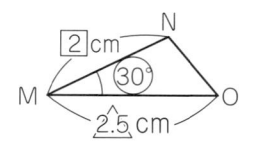

$\begin{cases} AB:NM = \boxed{4}:\boxed{2} = 2:1 \\ BC:MO = \underset{\triangle}{5}:\underset{\triangle}{2.5} = 2:1 \\ \angle B = \angle M = 30° \end{cases}$

(2組の辺の比)と(その間の角)がそれぞれ等しいので，
△ABC∽△NMO

③

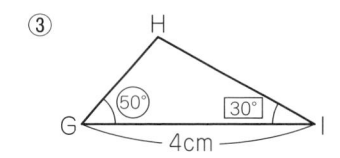

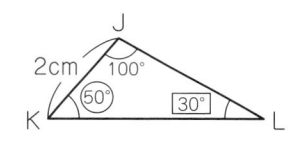

$\begin{cases} \angle G = \angle K = 50° \\ \angle I = \angle L = 30° \end{cases}$

(2組の角)がそれぞれ等しいので，△GHI≡△KJL

練習　三角形の相似（2）

次の図で，相似な三角形を見つけてください。

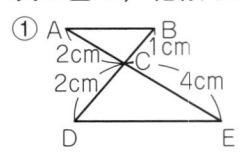

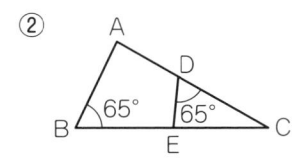

① A、B、C、D、E の図（AC=2cm, CB=1cm, CD=2cm, CE=4cm）

② △ABC の図（∠B=65°, ∠DEC側=65°）

ここがコツ　2つの三角形を同じ向きに並べて考える

答と解説

① 対頂角は等しいので
　∠ACB＝∠ECD

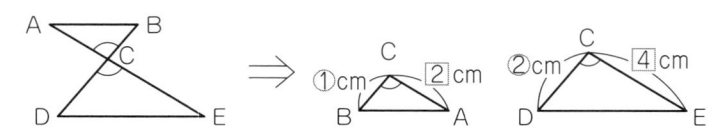

$$\begin{cases} CA : CE = \boxed{2} : \boxed{4} = 1 : 2 \\ CB : CD = \textcircled{1} : \textcircled{2} \\ \angle ACB = \angle ECD \end{cases}$$

2組の辺の比とその間の角がそれぞれ等しいので，
△CAB∽△CED

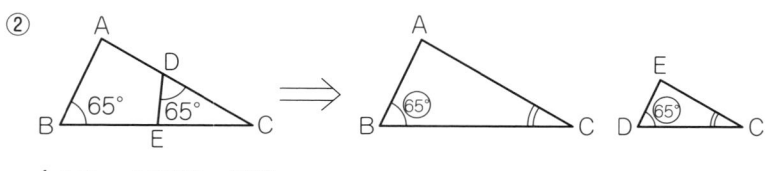

②
$$\begin{cases} \angle B = \angle EDC = 65° \\ \angle C は共通 \end{cases}$$

2組の角がそれぞれ等しいので，△ABC∽△EDC

実践　三角形の相似（2）

次の図で，相似な三角形を見つけてください。

① （BC // DE）

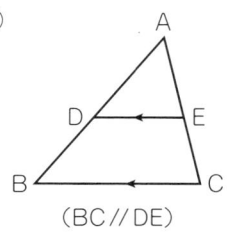

②

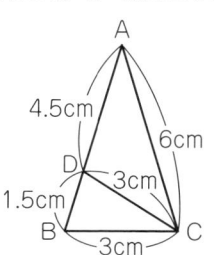

答と解説

① 平行線の同位角は等しいので，
∠ADE＝∠B，∠AED＝∠C

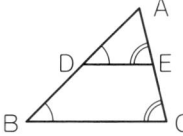

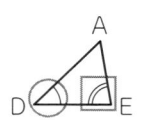

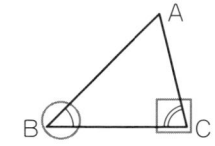

$\begin{cases} ∠ADE＝∠B \\ ∠AED＝∠C \end{cases}$

2組の角がそれぞれ等しいので，△ADE∽△ABC

② △ABCは二等辺三角形なので∠B＝∠ACB
△CBDも二等辺三角形なので∠B＝∠CDB

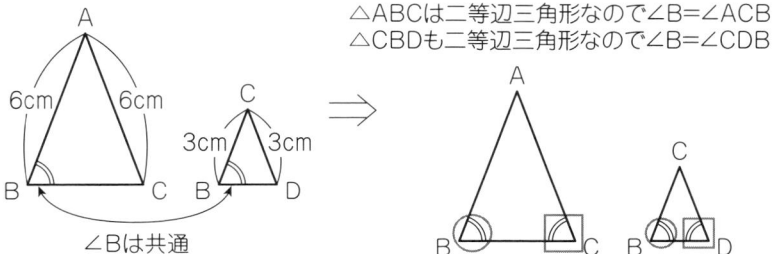

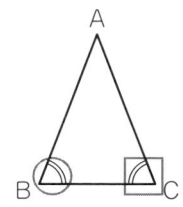

∠Bは共通

2組の角がそれぞれ等しいので，△ABC∽△CBD

3時限目 仮定と結論
5日目
〜△△△ならば□□□である〜

この時間では「仮定と結論」について学びましょう。

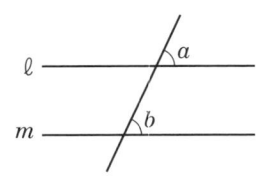

上の図で，もし直線 ℓ と直線 m が平行ならば，
同位角は等しいので $\angle a = \angle b$ となります。
これを「$\ell /\!/ m$　ならば　$\angle a = \angle b$」と表します。
　　　　　└―「平行」を表す数学記号

このように図形の性質は
「△△△ならば□□□」という形で説明することが多く，
△△△の部分を仮定，□□□の部分を結論といいます。

△△△ならば□□□
(仮定)　　　(結論)

じゃあ例えば，
「$\triangle ABC \equiv \triangle DEF$　ならば　$AB = DE$」のときだと，
$\triangle ABC \equiv \triangle DEF$ が仮定で，$AB = DE$ が結論になるね。

🧑‍🏫 その通りです，遼太くん。
仮定と結論について，他の例をいくつか見ておきましょう。

・ $\underline{\triangle ABC \equiv \triangle DEF}$ ならば $\underline{\angle A = \angle D}$
　　（仮定）　　　　　　　（結論）

・ $\underline{a>0, \ b>0}$ ならば $\underline{ab>0}$
　　（仮定）　　　　　　（結論）

・ $\underline{x が 10 の倍数}$ ならば $\underline{x は 5 の倍数}$
　　（仮定）　　　　　　　（結論）

「〜ならば」は問題によって，
「〜のとき」「〜であるとき」と書かれていることもあります。

😊 何となくつかめたよ。
まだもう少し具体例を知りたいな。
いくつか問題を出してよ，先生！

練習　仮定と結論（1）

次のことがらについて仮定と結論を答えてください。
① △ABC が正三角形ならば ∠BAC=60°
② $a=2$, $b=4$ ならば $ab=8$

ここがコツ

△△△ならば□□□
（仮定）　　（結論）

答と解説

① △ABC が正三角形　ならば　∠BAC=60°
　（仮定）　　　　　　　　　（結論）

$\begin{cases} 仮定：△ABC が正三角形 \\ 結論：∠BAC=60° \end{cases}$

② $a=2$, $b=4$　ならば　$ab=8$
　（仮定）　　　　　　（結論）

$\begin{cases} 仮定：a=2, b=4 \\ 結論：ab=8 \end{cases}$

実践 仮定と結論（1）

次のことがらについて，仮定と結論を答えてください。
① △ABC≡△DEF ならば ∠BAC=∠EDF
② x が4の倍数ならば x は偶数
③ $x=-1$ ならば $x^2=1$

答と解説

① <u>△ABC≡△DEF</u>　ならば　<u>∠BAC=∠EDF</u>
　　　（仮定）　　　　　　　　（結論）

$\begin{cases} 仮定：△ABC≡△DEF \\ 結論：∠BAC=∠EDF \end{cases}$

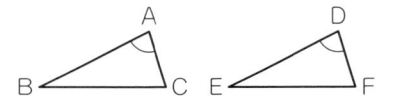

② <u>x が4の倍数</u>　ならば　<u>x は偶数</u>
　　（仮定）　　　　　　　（結論）

$\begin{cases} 仮定：x が4の倍数 \\ 結論：x は偶数 \end{cases}$

③ <u>$x=-1$</u>　ならば　<u>$x^2=1$</u>
　（仮定）　　　　　（結論）

$\begin{cases} 仮定：x=-1 \\ 結論：x^2=1 \end{cases}$

練習 仮定と結論（2）

右の図で，線分 AD 上に点 B があり，線分 AC 上に点 E があります。
そして線分 DE と線分 BC の交点を F とします。AB＝AE，∠ACB＝∠ADE であるとき，△ABC≡△AED となります。

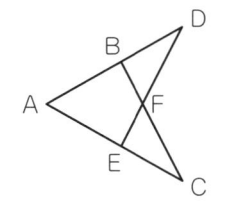

仮定と結論を答えてください。

ここがコツ　文章中の「～ならば」「～であるとき」に注目する

答と解説

文章がある程度長くなっても，これまでと考え方は同じです。
文章中の「～であるとき」の前後が仮定と結論です。

AB＝AE，∠ACB＝∠ADE　であるとき　△ABC≡△AED
　　　（仮定）　　　　　　　　　　　　（結論）

$\begin{cases} 仮定：AB＝AE，∠ACB＝∠ADE \\ 結論：△ABC≡△AED \end{cases}$

実践　仮定と結論（2）

右の図で，AC＝BC，∠ACB＝90°の直角二等辺三角形の外側に CD＝CE，∠DCE＝90°の直角二等辺三角形をつくるとき，△ACD≡△BCE となります。

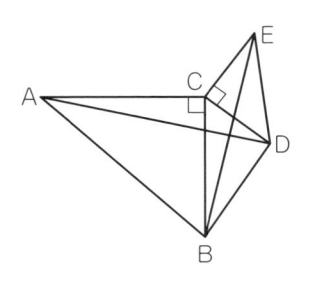

仮定と結論を答えてください。

答と解説

問題文をまとめると，次のようになります。

AC＝BC，∠ACB＝90° CD＝CE，∠DCE＝90°	であるとき	△ACD≡△BCE となる。
（仮定）		（結論）

仮定：AC＝BC，∠ACB＝90°，CD＝CE，∠DCE＝90°
結論：△ACD≡△BCE

4時限目 図形の証明

5日目

〜数学なのに，まるで作文みたい〜

前回で準備が整いましたので，これから「証明の進め方」に入ります。

> 右の図で，
> AO＝DO，
> ∠BAO＝∠CDO ならば，
> △ABO≡△DCO となります。
> このことを証明してください。

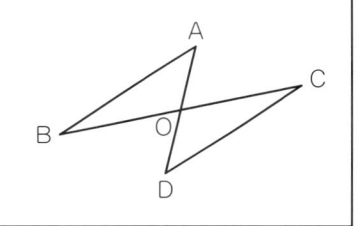

このように「〜を証明してください」と問われたことに対して，文章をつくって順に説明していくのが証明問題です。

え〜っ…。
数学なのに文章で説明するんだ…。
作文は苦手だし，ヤダな〜。

安心してください，遼太くん。
数学の作文といっても，証明にはある程度きまった「書き方のパターン」があるのです。
そのパターンに従って説明していけば，
だれでも証明問題ができるようになります。

先ほどの問題では
$\begin{cases} 仮定：AO=DO，∠BAO=∠CDO \\ 結論：△ABO≡△DCO \end{cases}$　　となりますね。

この仮定を材料にして，うまく調理しながら
料理（結論）を完成させるのです。
手順は次のようになります。

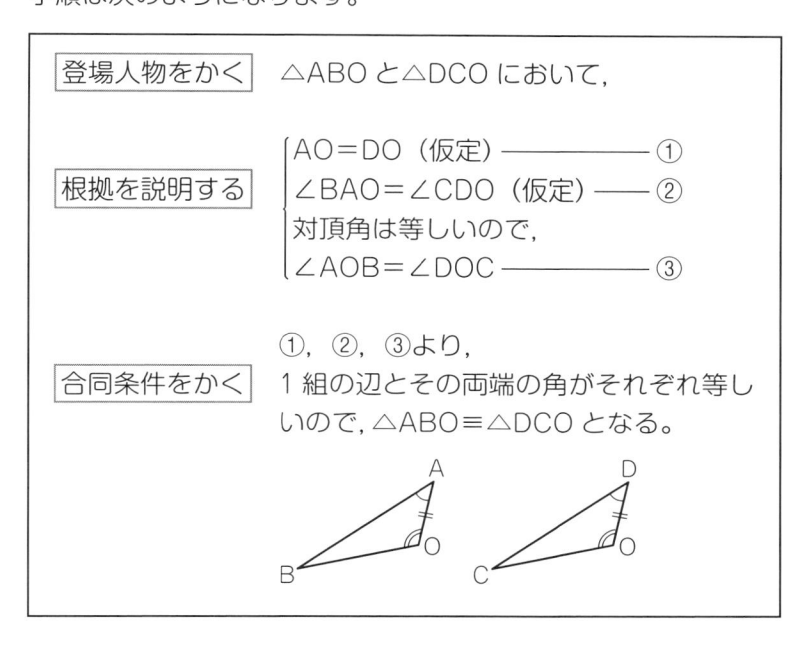

| 登場人物をかく | △ABO と △DCO において， |

| 根拠を説明する | $\begin{cases} AO=DO（仮定）———① \\ ∠BAO=∠CDO（仮定）——② \\ 対頂角は等しいので， \\ ∠AOB=∠DOC———③ \end{cases}$ |

| 合同条件をかく | ①，②，③より，1組の辺とその両端の角がそれぞれ等しいので，△ABO≡△DCO となる。 |

上の3ステップに従ってすすめると，証明問題はうまくいきます。

登場人物，根拠，合同条件の3ステップだね！
合同条件をもう一度復習しとかなきゃ。

練習　合同の証明（1）

右の図で
AB＝AC，AE＝AD ならば
△ABE≡△ACD となります。
このことを証明してください。

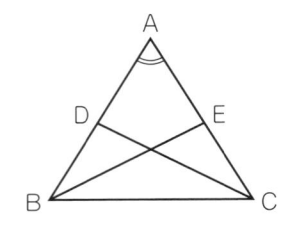

ここがコツ
・2つの三角形を同じ向きに並べる
・仮定や根拠を図に書き込む

答と解説

（証明）
　△ABE と△ACD において

登場人物

根　拠
$\begin{cases} AB=AC（仮定）ー① \\ AE=AD（仮定）ー② \\ \angle A は共通ーーー③ \end{cases}$

合同条件
①，②，③より，
2組の辺とその間の角がそれぞれ等しいので，
△ABE≡△ACD となる。

実践　合同の証明（1）

右の図で AB＝AC，BM＝CM ならば，
△ABM≡△ACM となります。
このことを証明してください。

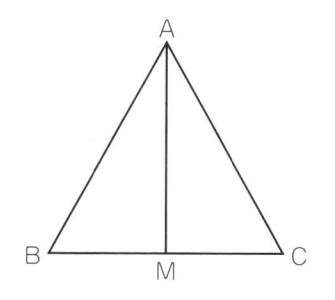

答と解説

（証明）
△ABM と △ACM において

登場人物

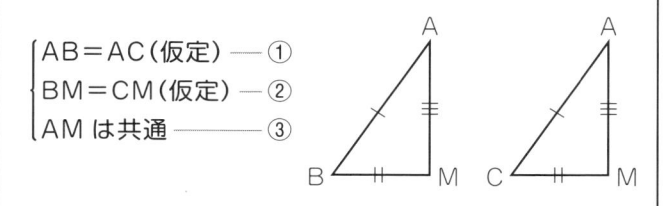

根　拠
$$\begin{cases} AB＝AC（仮定） ── ① \\ BM＝CM（仮定） ── ② \\ AM は共通 ── ③ \end{cases}$$

合同条件

①，②，③より，
3組の辺がそれぞれ等しいので，
△ABM≡△ACM となる。

| 練習 | 合同の証明（2） |

右の図は
AD // BC の台形です。
AF＝EF とき，
△ADF≡△ECF となることを
証明してください。

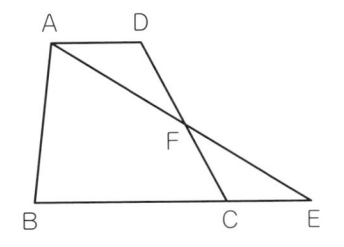

ここがコツ 平行線の錯角・同位角が等しいことを利用する

答と解説

（証明）

　　△ADF と△ECF において

　　AF＝EF（仮定）　――――――――――――――― ①
　　AD // BC（仮定）より，
　　平行線の錯角は等しいので，∠DAF＝∠CEF ―― ②
　　対頂角は等しいので，∠AFD＝∠EFC ―――――― ③

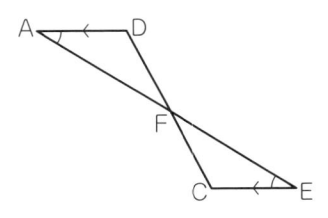

①，②，③より，
1 組の辺とその両端の角が
それぞれ等しいので，
△ADF≡△ECF となる。

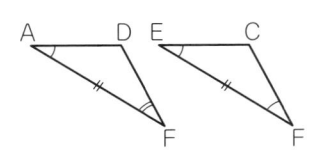

実践　合同の証明（2）

右の四角形 ABCD において
AD∥BC，AE＝CF
となっています。
このとき，△AFE≡△CEF となる
ことを証明してください。

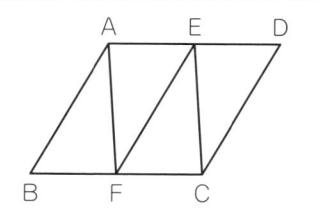

答と解説

（証明）
　　△AFE と△CEF において
　　⎧ AE＝CF（仮定）――――――――――――――①
　　⎪ FE＝EF（共通している辺）――――――――②
　　⎨ AD∥BC（仮定）より，
　　⎩ 平行線の錯角は等しいので，∠AEF＝∠CFE ―③

①，②，③より，
2 組の辺とその間の角がそれぞれ等しいので，
△AFE≡△CEF となる。

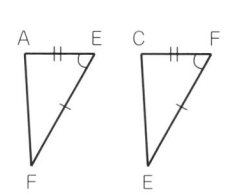

5日目
5時限目 相似の証明
～登場人物・根拠・相似条件の3ステップで作文～

👨‍🏫 合同の証明に続いて，今回は相似の証明です。

🧑‍🎓 さっき証明問題をやって少し慣れてきたよ。
今回も
・登場人物をかく
・根拠を説明する
・相似条件をかく
の3ステップですすめるといいのかな？

👨‍🏫 その通りです，遼太くん。
根拠を説明するときに，問題文にある仮定や条件を図に書き込むことでグッと考えやすくなりますよ。

🧑‍🎓 うん。
登場する2つの三角形を同じ向きにして並べるといいんだよね。

👨‍🏫 ちゃんと覚えていましたね。
では相似の証明問題をやってみましょう。

右の図で
DE∥BC ならば△ABC∽△ADE
となります。このことを証明してください。

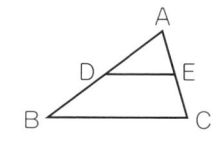

|登場人物|
|根　　拠|
|相似条件|

(証明)
△ABC と△ADE において

DE∥BC（仮定）より，
平行線の同位角は等しいので，
∠ABC＝∠ADE ──── ①
∠ACB＝∠AED ──── ②

①，②より，
2組の角がそれぞれ等しいので，△ABC∽△ADE
となる。

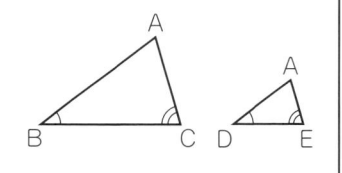

このようにしてすすめていけば，
相似の証明問題もうまく対処できるようになります。

よくわかったよ！
相似条件をかけるようにするため，ちゃんと覚えておかなきゃね。
※相似条件については，5日目2時限目をおさらいしましょう。

5日目　図形の証明

練習　相似の証明（1）

右の図で，線分 AE と線分 BD は点 C で交わり，
AC＝2cm，BC＝3cm，
EC＝4cm，DC＝6cm です。
このとき，△ABC∽△EDC となることを証明してください。

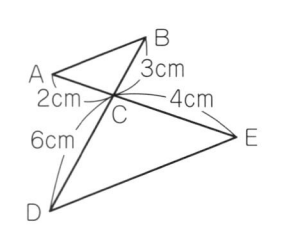

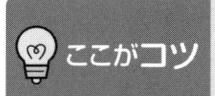

ここがコツ

・登場人物をかく
・根拠を説明する
・相似条件をかく

答と解説

（証明）

[登場人物]　△ABC と△EDC において

[根　拠]
$\begin{cases} AC：EC＝2：4＝1：2 \quad \text{①} \\ BC：DC＝3：6＝1：2 \quad \text{②} \\ 対頂角は等しいので， \\ ∠ACB＝∠ECD \quad \text{③} \end{cases}$

①，②，③より，

[相似条件]　2 組の辺の比とその間の角がそれぞれ等しいので，
△ABC∽△EDC となる。

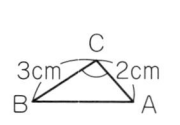

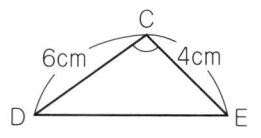

166

| 実践 | 相似の証明（1） |

右の図で，
△ABC∽△AED となることを
証明してください。

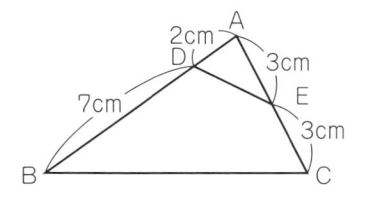

答と解説

（証明）

|登場人物|　△ABC と△AED において

|根　拠|　$\begin{cases} \angle A \text{ は共通} &\text{―― ①}\\ AB：AE=9：3=3：1 &\text{―― ②}\\ AC：AD=6：2=3：1 &\text{―― ③} \end{cases}$

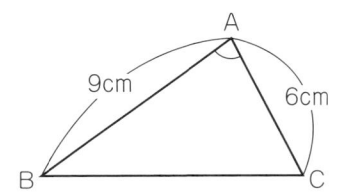

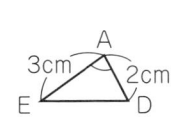

①，②，③より，

|相似条件|　2組の辺の比とその間の角がそれぞれ等しいので，
△ABC∽△AED となる。

練習　相似の証明（2）

右の長方形 ABCD において
∠AED＝90°のとき，
△ABE∽△DEA となることを
証明してください。

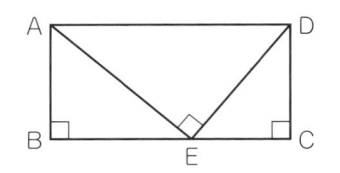

ここがコツ　直角三角形の1つの角度を∠a とおく

答と解説

（証明）

　△ABE において∠BAE＝∠a とおくと，
　三角形の内角の和は 180°なので，
　∠AEB＝180°−（∠a＋90°）
　　　　＝90°−∠a ────①

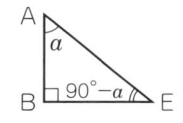

　また長方形 ABCD において
　∠DAE＝90°−∠a ────②

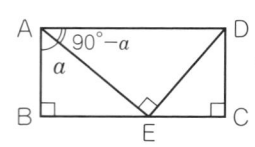

※長方形の1つの角度は90°

登場人物　△ABE と△DEA において

根　拠
$\begin{cases} ∠ABE＝∠DEA＝90°（仮定）──③ \\ ①，②より，∠AEB＝∠DAE＝90°−∠a ──④ \end{cases}$

相似条件　③，④より，
　2組の角がそれぞれ等しいので，
　△ABE∽△DEA となる。

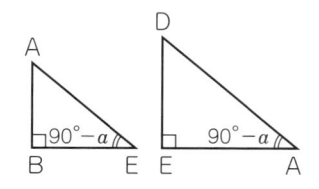

168

実践　相似の証明（2）

右の長方形 ABCD において
△AEF∽△DFC となること
を証明してください。

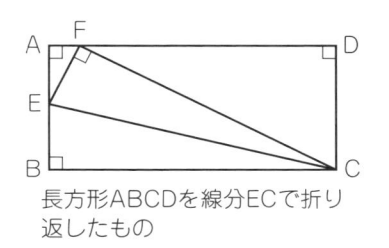

長方形ABCDを線分ECで折り返したもの

答と解説

（証明）

　△AEF において∠AFE＝∠a とおくと
三角形の内角の和は 180°なので，
　∠AEF＝180°−（∠a＋90°）
　　　　＝90°−∠a ──── ①

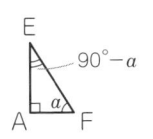

　また，一直線の角度は 180°なので，
　∠DFC＝180°−（∠a＋90°）
　　　　＝90°−∠a ──── ②

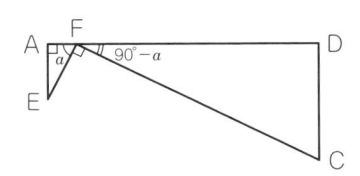

|登場人物|　△AEF と△DFC において|

|根　拠|$\begin{cases} ∠EAF＝∠FDC＝90°（仮定） ──── ③ \\ ①，②より，∠AEF＝∠DFC＝90°−∠a ──── ④ \end{cases}$|

　　　　③，④より，
|相似条件|2 組の角がそれぞれ等しいので
　　　　　△AEF ∽△DFC となる。

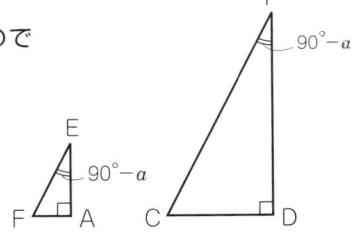

5日目
6時限目 平行四辺形の性質

～対辺・対角・対角線に注目せよ！～

🧑‍🏫 三角形の合同と相似を終えたので，
次は平行四辺形について学びましょう。

😊 平行四辺形は小学校でも習ったね。
コンパスを使って作図したのを覚えているよ。

🧑‍🏫 中学では，平行四辺形の3つの性質を覚えてください。
対辺・対角・対角線に注目します。

> 平行四辺形の性質
> ① 2組の対辺はそれぞれ等しい。
> ② 2組の対角はそれぞれ等しい。
> ③ 対角線はそれぞれの中点で交わる。

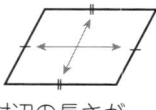

① 対辺の長さが同じ

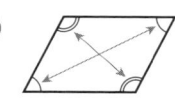

② 対角の大きさが同じ

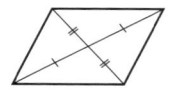

③ 対角線が二等分されている

そして，平行四辺形の特別バージョンが
長方形やひし形，正方形になります。

平行四辺形の特別バージョンってどういうこと??

平行四辺形の角の大きさや辺の長さに注目するのです。

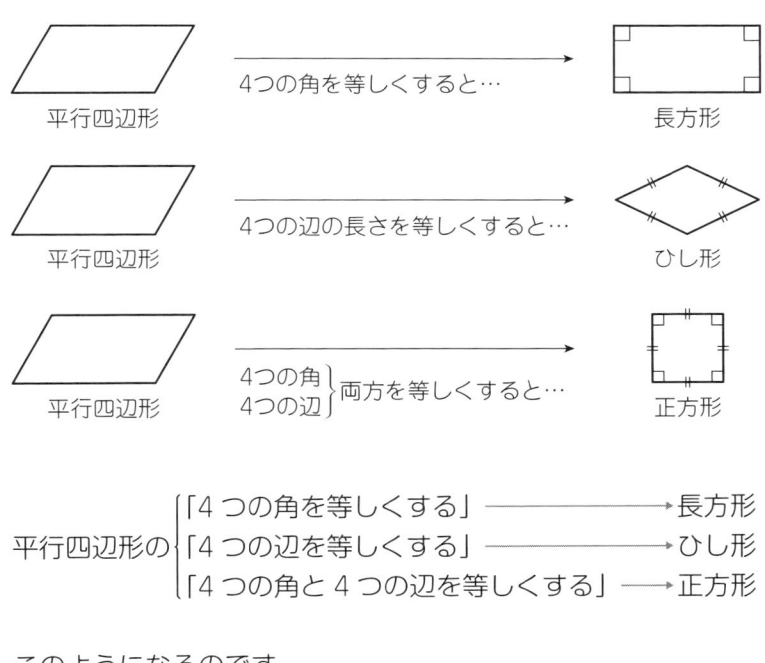

平行四辺形 —— 4つの角を等しくすると… ——→ 長方形

平行四辺形 —— 4つの辺の長さを等しくすると… ——→ ひし形

平行四辺形 —— 4つの角 4つの辺 両方を等しくすると… ——→ 正方形

平行四辺形の ┌「4つの角を等しくする」 ——————→ 長方形
　　　　　　 │「4つの辺を等しくする」 ——————→ ひし形
　　　　　　 └「4つの角と4つの辺を等しくする」 ——→ 正方形

このようになるのです。

へえ～。
小学校で習ったほとんどの四角形が
平行四辺形のなかまなんだね。

練習　平行四辺形の性質（1）

次の平行四辺形 ABCD で, x, y の値を求めてください。

① （図：平行四辺形 ABCD、∠A付近に125°、∠B付近に55°、∠D付近に x、∠C付近に y）

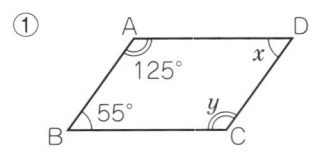

② （図：平行四辺形 ABCD、AD=8cm、対角線の一部3cm、AB=6cm、BC=$x$cm、CD=$y$cm）

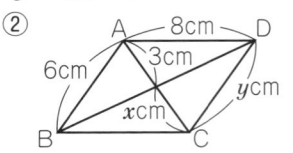

ここがコツ
- 2 組の対辺はそれぞれ等しい。
- 2 組の対角はそれぞれ等しい。
- 対角線はそれぞれの中点で交わる。

答と解説

①

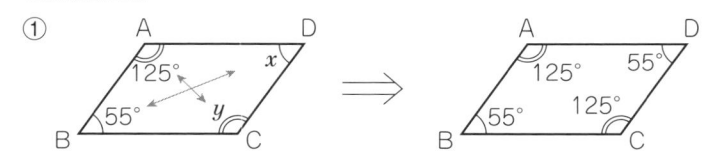

平行四辺形の 2 組の対角はそれぞれ等しいので,
∠x＝55°, ∠y＝125°

②

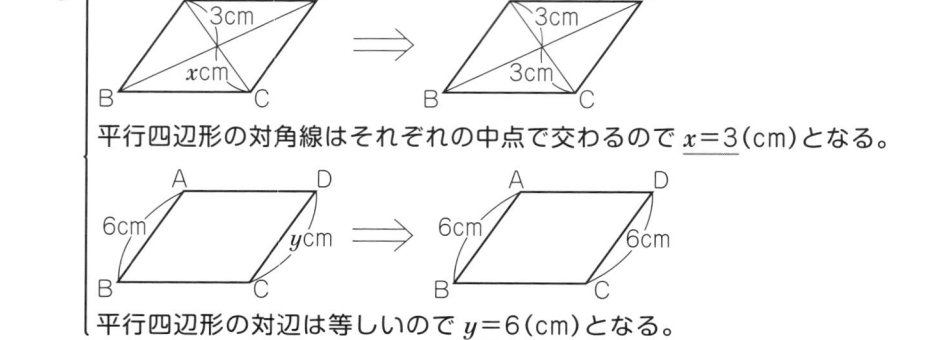

平行四辺形の対角線はそれぞれの中点で交わるので x＝3（cm）となる。

平行四辺形の対辺は等しいので y＝6（cm）となる。

実践 平行四辺形の性質（1）

次の平行四辺形 ABCD で，∠x の大きさを求めてください。

①

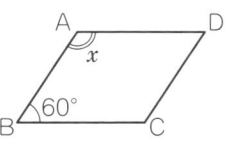

②

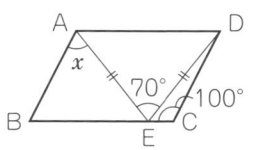

答と解説

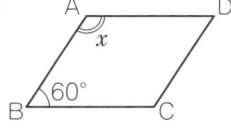

①

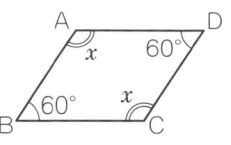

四角形の内角の和は 360°なので
∠x＋60°＋∠x＋60°＝360°
2∠x＋120　　　　　＝360°
∠x　　　　　　　　＝120°

② △EAD は EA＝ED の二等辺三角形なので
∠EAD＝∠EDA＝(180°−70°)÷2＝55°

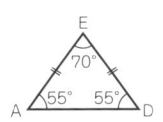

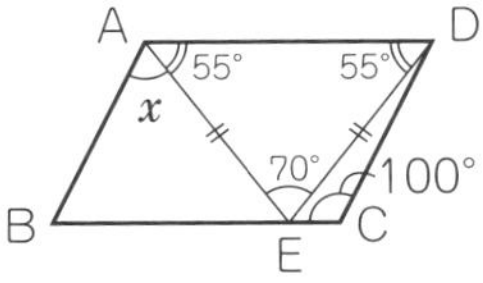

平行四辺形の対角は等しいので
∠x＋55°＝100°
∠x　　　＝45°

練習 平行四辺形の性質（2）

右の平行四辺形 ABCD で辺 AD 上に点 E をとり，辺 BC 上に点 F をとります。点 E，F を通る直線が対角線の交点 O を通るとき，△AOE≡△COF となることを証明してください。

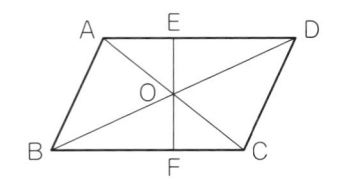

ここがコツ　平行四辺形の性質を利用する

答と解説

（証明）

　△AOE と △COF において

　平行四辺形の対角線はそれぞれの中点で交わるので，
　AO＝CO　　　　　　　　　　　　　　　　　①

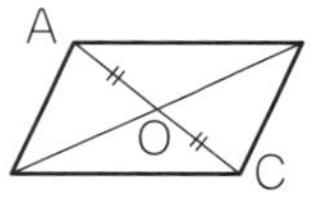

　対頂角は等しいので，
　∠AOE＝∠COF　　　　　　　　　　　　　②

　平行線の錯角は等しいので，
　∠OAE＝∠OCF　　　　　　　　　　　　　③

　①，②，③より，
　1 組の辺とその両端の角がそれぞれ等しいので，
　△AOE≡△COF

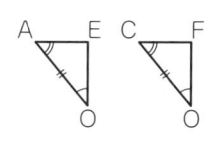

実践　平行四辺形の性質（2）

右のように平行四辺形 ABCD を対角線 AC で折り返しました。このとき△ABE≡△CFE となることを証明してください。

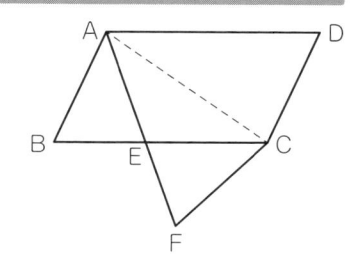

答と解説

（証明）

平行四辺形の対辺は等しいので，
AB＝DC ────────── ①
平行四辺形の対角は等しいので，
∠ABE＝∠ADC ────────── ②

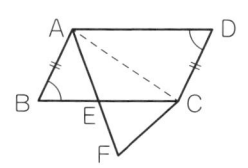

平行四辺形を対角線 AC で折り返したので，
CF＝DC ────────── ③
∠CFE＝∠ADC ────────── ④

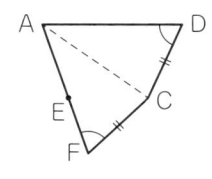

①，③より，AB＝CF ────────── ⑤
②，④より，∠ABE＝∠CFE ────────── ⑥
対頂角は等しいので，∠AEB＝∠CEF ── ⑦

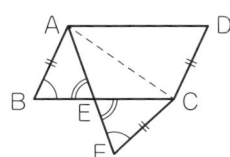

△ABE と△CFE において

∠BAE＝180°－(∠ABE＋∠AEB)
∠FCE＝180°－(∠CFE＋∠CEF)
⑥，⑦より，∠BAE＝∠FCE ────────── ⑧

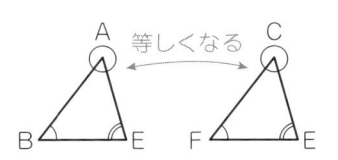

⑤，⑥，⑧より，
1組の辺とその両端の角がそれぞれ等しいので，△ABE≡△CFE となる。

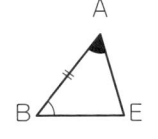

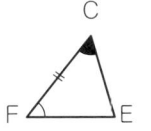

7時限目 等積変形

5日目

〜形を変えても，面積はそのまま〜

- 図形の締めくくりとして，最後に等積変形をやりましょう。

- 名前からして，何だか難しそう……。

- 実際に苦手とする人も多いのですが，
 ひとつひとつ丁寧にすすめていけば大丈夫です。
 等積変形とは「㊥しい㊿になるように㋫㋭すること」です。

 例えば平行な直線 ℓ，m の間にできる
 三角形の面積を考えてみます。

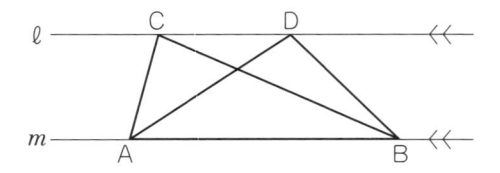

 上の図で △ABC と △ABD の面積を比べると，
 どうなるでしょう？

- 底辺の長さはともに AB なので同じで，それから高さも同じなので，△ABC と △ABD の面積は同じになる！

高さが同じ
底辺の長さが同じ

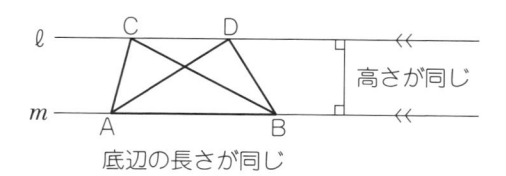

正解です，遼太くん。
頭の回転が速いですね！
同じように考えると，次のように平行線によってできる2つの三角形の面積は等しくなります。

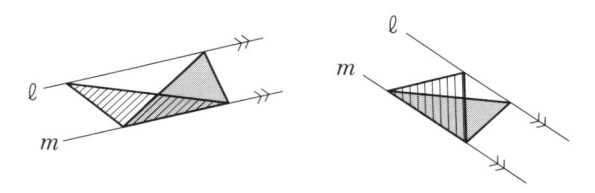

この平行線の性質を利用して，
次の四角形 ABCD と等しい面積をもつ三角形をつくってみましょう！

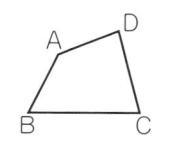

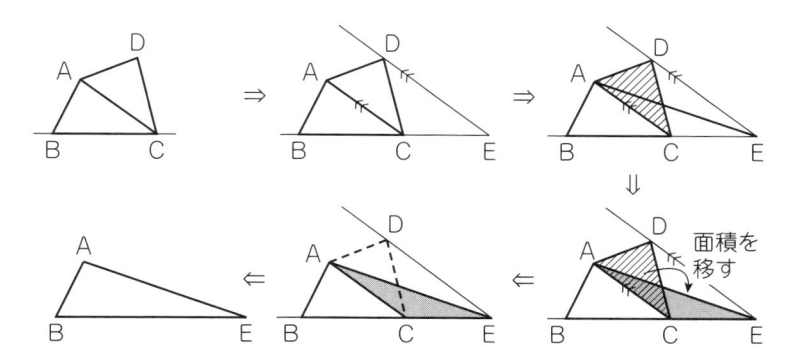

面積を移す

こうやって同じ面積をもつ三角形に変形します。
平行線をうまく利用して，等積変形していくのです。

練習　等積変形（1）

右の図のように遼太くんはあの畑を，敦也くんはいの畑をもっています。
2人は話し合った結果，折れ曲がった畑の境界線をまっすぐにすることにしました。
点Xを通る直線を引いて，面積を変えずに畑を分割してください。

ここがコツ　平行線を利用して，面積を「移す」

答と解説

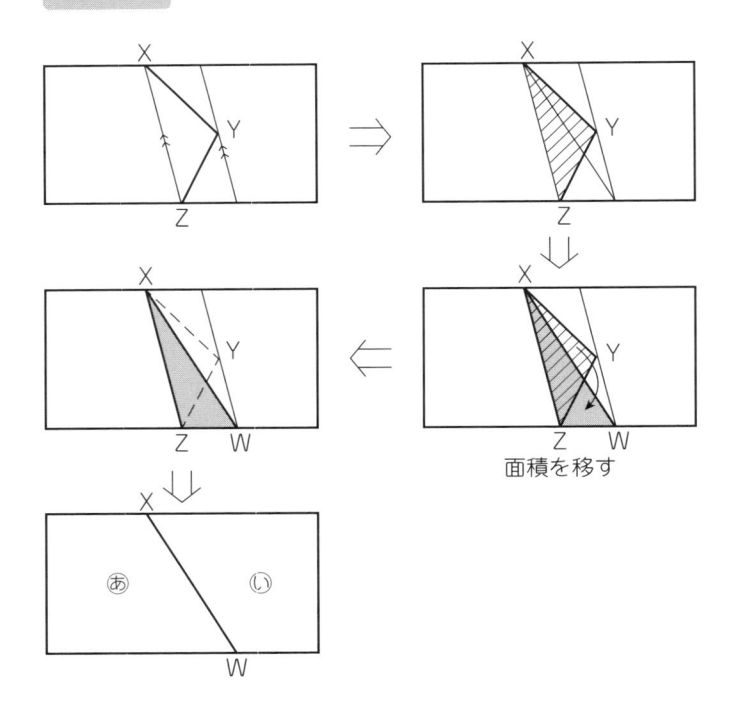

面積を移す

実践　等積変形 (1)

平行線を利用して，右の五角形 ABCDE と同じ面積をもつ四角形 ABCF をつくってください。ただし，F は直線 CD 上の点とします。

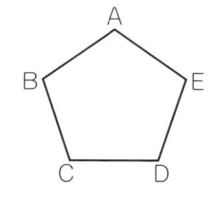

答と解説

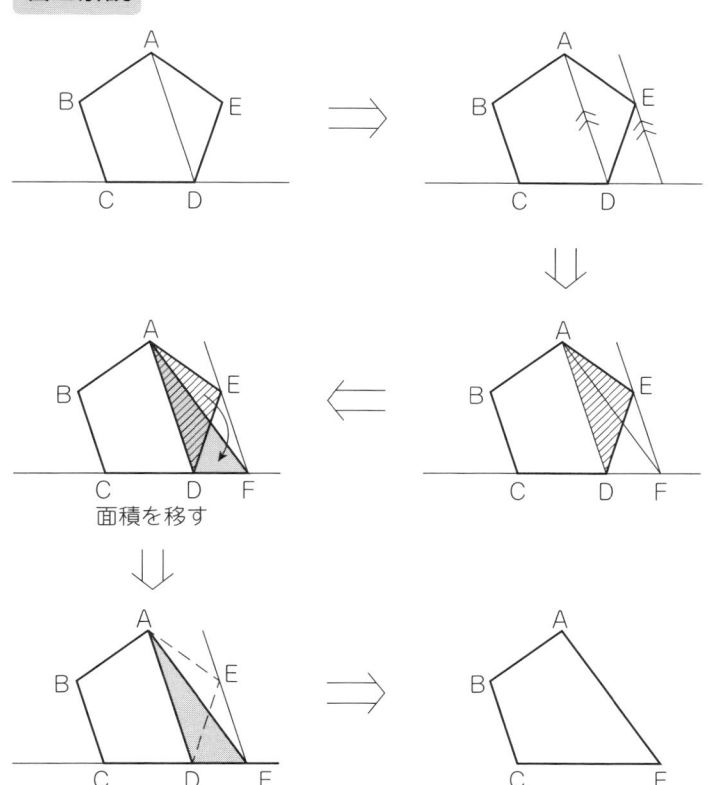

面積を移す

| 練習 | 等積変形（2）|

右の平行四辺形 ABCD で点 M は辺 DC 上の点です。
△AMB と同じ面積をもつ三角形を 2 つ見つけてください。

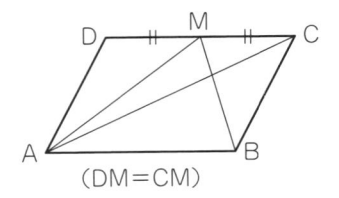

（DM＝CM）

ここがコツ　「底辺」と「高さ」に注目する

答と解説

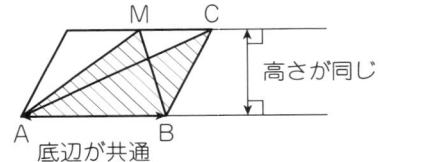

高さが同じ
底辺が共通

△AMB＝△ABC

底辺の長さが同じ
高さが同じ

△ABC＝△CDA

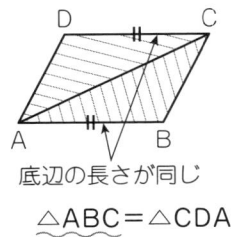

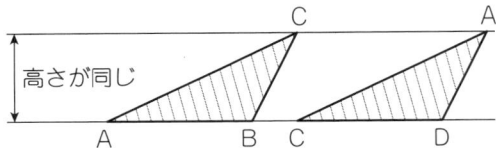

以上より　△ABC，△CDA の 2 つ。

実践　等積変形（2）

右の平行四辺形 ABCD で，EF と AC が平行であるとき，△CDF と同じ面積をもつ三角形を 3 つ見つけてください。

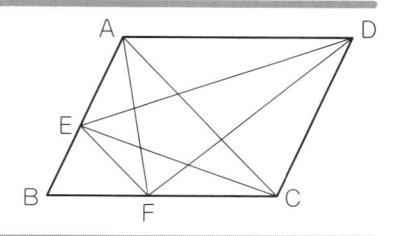

答と解説

△CDFに着目

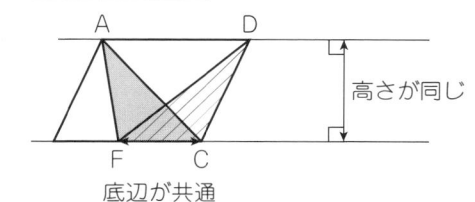

高さが同じ
底辺が共通

△CDF＝△ACF

△ACFに着目

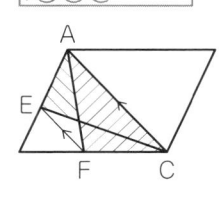

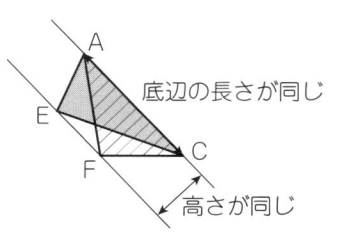

底辺の長さが同じ
高さが同じ

△ACF＝△ACE

△CAEに着目

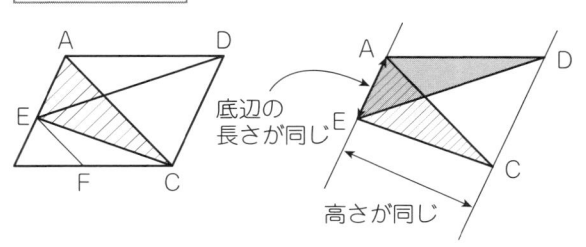

底辺の長さが同じ
高さが同じ

△ACE＝△ADE

以上より　△ACF，△ACE，△ADE の 3 つ。

6日目

確率

サイコロを1回だけ投げたとき，3の目が出る確率はいくつになるでしょうか？
サイコロを1回投げると，1から6の6通りの出方が可能性として考えられますね。そのうち，3の目が出るのはたった1通りです。
ですので，求める確率は，
注目している場合の数/起こりうる場合の数＝1/6 となります。
中学の数学では，このようにして確率を求めます。

6日目

1 確率
時限目

~コインを投げたとき、表面(おもてめん)が出る確率は?~

さて、今日は中学2年の最後に学ぶ確率をやりましょう。

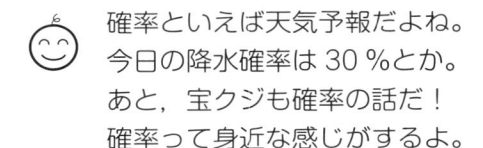

確率といえば天気予報だよね。
今日の降水確率は30%とか。
あと、宝クジも確率の話だ!
確率って身近な感じがするよ。

遼太くんの言うように、確率は私たちの生活の身近なところに登場してきますね。
ただ、天気予報とは違って、数学で学ぶ確率は%を使わず、分数で表すことが一般的なのです。

例えばここにコインが1枚あるとしましょう。
このコインを1回だけ投げて、表面が出る確率はどれくらいだと思いますか?
もちろん、イカサマはナシとします。

う〜ん……。
コインには表面と裏面のどちらかが出るので、
確率は半分半分かな。
だから表面が出る確率は50%だ!
分数で表すと $\frac{1}{2}$ だね。

その通りです。
コインを 1 回だけ投げると，表面か裏面の
2 通り出る可能性があります。
今回はそのうち表面だけに注目しているので 1 通り，

よって求める確率は $\dfrac{1}{2}$ になりますね。

$$\dfrac{表}{表 + 裏} \qquad \dfrac{1}{2} \begin{matrix}\leftarrow 注目しているのは表面の 1 通り \\ \leftarrow 可能性は全部で 2 通り\end{matrix}$$

このように確率は $\boxed{\dfrac{注目している場合の数}{起こりうる場合の数}}$ で求まります。

確率を求めるには
（注目している場合の数）や（起こりうる場合の数）を
正確に数え上げる必要があります。
まずは簡単な確率からみていきましょう。

練習　確率（1）

サイコロを1回だけ投げるとき，次の問に答えてください。
① 3の倍数の目が出る場合の数は何通りですか。
② 偶数の目が出る場合の数は何通りですか。

ここがコツ　サイコロ1回 → 1～6の6通り

答と解説

① サイコロの目の出方は1～6の6通りであり，3の倍数の目が出るのは3，6の2通り。

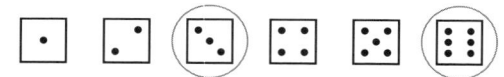

よって，2通りとなる。

② 偶数の目が出るのは2，4，6の3通りが考えられる。

よって，3通りとなる。

実践　確率（1）

サイコロを 1 回投げるとき，次の問に答えてください。
① 6 の目が出る確率を求めてください。
② 奇数の目が出る確率を求めてください。

答と解説

① $\begin{cases} 6 \text{ の目が出るのは 1 通り} \\ \text{起こりうる場合の数は 1〜6 の 6 通り} \end{cases}$

よって，求める確率は $\dfrac{1}{6}$ となる。

② $\begin{cases} \text{奇数の目が出るのは 1，3，5 の 3 通り} \\ \text{起こりうる場合の数は 1〜6 の 6 通り} \end{cases}$

よって，求める確率は $\dfrac{3}{6} = \dfrac{1}{2}$ となる。

| 練習 | 確率（2） |

ジョーカーを除いた 52 枚のトランプから 1 枚だけ引くとき，次の問に答えてください。
① 起こりうる場合の数を求めてください。
② ダイヤで偶数のカードを引く場合の数を求めてください。

ここがコツ
トランプの数は，ハート，ダイヤ，スペード，クラブのそれぞれに 13 枚

答と解説

① ハート，ダイヤ，スペード，クラブのそれぞれに 13 枚あるので，
   13×4＝52 通りとなる。

② 1〜13 の中で偶数は 2，4，6，8，10，12 の 6 通り。
   ダイヤの 1 種類だけなので，6×1＝6 通りとなる。

実践　確率（2）

ジョーカーを除いた 52 枚のトランプから 1 枚だけ引くとき，次の問に答えてください。
① 素数のカードを引く確率を求めてください。
② スペードで 4 の倍数のカードを引く確率を求めてください。

> **キーワード**　○素数…1 と自分自身以外に約数をもたいない数

答と解説

① 素数は 2，3，5，7，11，13 の 6 通り。
ハート，ダイヤ，スペード，クラブのそれぞれに 6 通りあるので，6×4＝24 通り。
起こりうる場合の数は 52 通り。

よって，求める確率は $\dfrac{24}{52} = \dfrac{6}{13}$ となる。

② 4 の倍数は 4，8，12 の 3 通り。
スペードの 1 種類だけなので 3×1＝3 通り。
起こりうる場合の数は 52 通り。

よって，求める確率は $\dfrac{3}{52}$ となる。

| 6日目
| 2時限目

樹形図

〜もれなく・重複なく数え上げる〜

　　簡単な確率はできるようになったので，この時間では
　　効率よく場合の数を求めることができるように
　　樹形図を学びましょう。

　　樹形図って木の形に似ている図のことなのかな？

　　名前からも想像できますね。
　　例えばAさん，Bさん，Cさん，Dさんの4人の中から3人
　　を1例に並べるとします。
　　このとき，並び方は何通りになるでしょうか？

　　う〜ん……。
　　A–B–C，A–B–D，A–C–B，A–C–D，……
　　なんだかたくさんありそうだ……。

　　数が多く，困ってしまいますよね。
　　例えばAさんを1番目にするとき，2番目にくるのは
　　Bさん，Cさん，Dさんのいずれかですね。
　　最後の3番目に誰がくるのか，次のような図を
　　かいてみると考えやすくなります。

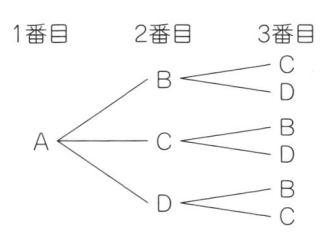

```
1番目    2番目    3番目
              ┌─ C
         ┌ B ─┤
         │    └─ D
         │    ┌─ B
    A ───┼ C ─┤
         │    └─ D
         │    ┌─ B
         └ D ─┤
              └─ C
```

😊 あっ！ こう書くと並び方がすぐわかるね。
じゃあ他の B～D が 1 番目にきたときもかいてみよう！

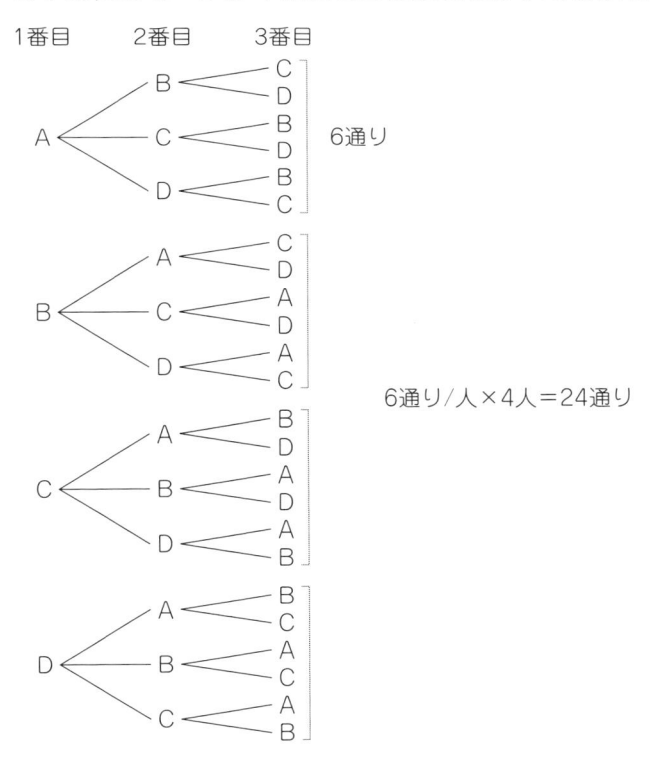

```
1番目    2番目    3番目
              ┌─ C
         ┌ B ─┤
         │    └─ D
         │    ┌─ B
    A ───┼ C ─┤      6通り
         │    └─ D
         │    ┌─ B
         └ D ─┤
              └─ C

              ┌─ C
         ┌ A ─┤
         │    └─ D
         │    ┌─ A
    B ───┼ C ─┤
         │    └─ D
         │    ┌─ A
         └ D ─┤
              └─ C         6通り/人×4人＝24通り

              ┌─ B
         ┌ A ─┤
         │    └─ D
         │    ┌─ A
    C ───┼ B ─┤
         │    └─ D
         │    ┌─ A
         └ D ─┤
              └─ B

              ┌─ B
         ┌ A ─┤
         │    └─ C
         │    ┌─ A
    D ───┼ B ─┤
         │    └─ C
         │    ┌─ A
         └ C ─┤
              └─ B
```

🤓 これで 24 通りとわかりましたね。
このように木の枝が分かれていく図を樹形図といいます。
樹形図を使うことで，場合の数を
「もれなく・重複することなく」数え上げることができます。

練習 樹形図 (1)

AさんとBさんがじゃんけんを1回するとき，起こりうる場合の数を，樹形図を利用して求めてください。

ここがコツ
- タイトルを書く
- 縦位置を揃える

答と解説

グー，チョキ，パーをそれぞれ ㋖ ㋩ ㋛ と表して樹形図をかく。

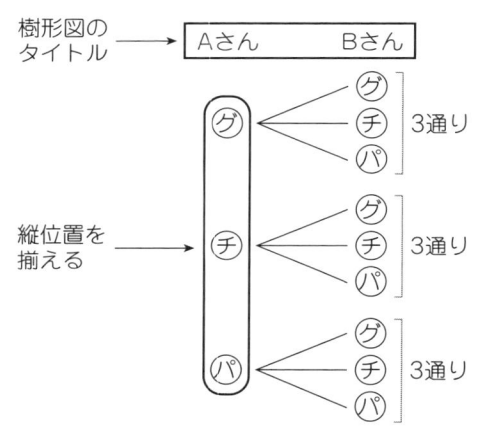

```
樹形図の          Aさん    Bさん
タイトル
                          ㋖
                  ㋖  ―  ㋩    3通り
                          ㋛

縦位置を                   ㋖
揃える      →    ㋩  ―  ㋩    3通り
                          ㋛

                          ㋖
                  ㋛  ―  ㋩    3通り
                          ㋛
```

樹形図より，起こりうる場合の数は
3×3＝<u>9通り</u>となる。

実践 樹形図（1）

1〜5が書かれた5枚のカードを並べて，
2けたの整数をつくります。
このとき，できる2けたの整数は何通りありますか？

答と解説

十の位，一の位をタイトルにして樹形図をかく。

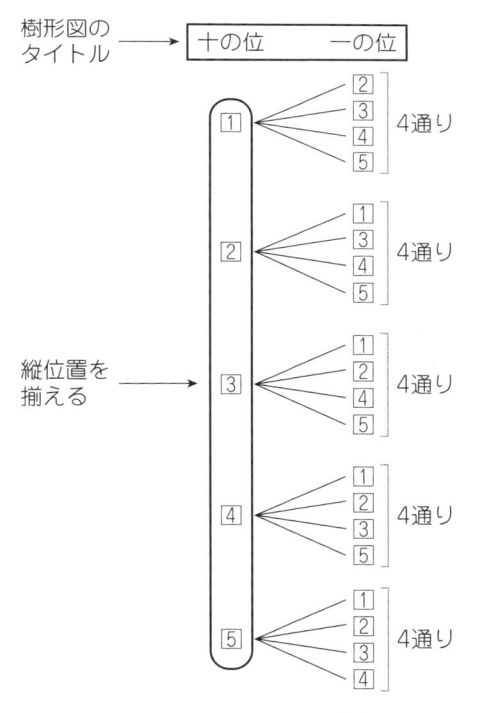

```
樹形図の       ┌─────────────┐
タイトル  →   │ 十の位    一の位 │
              └─────────────┘
                        ┌ 2
                    1 <─┤ 3  4通り
                        │ 4
                        └ 5

                        ┌ 1
                    2 <─┤ 3  4通り
                        │ 4
                        └ 5

縦位置を             ┌ 1
揃える    →    3 <─┤ 2  4通り
                        │ 4
                        └ 5

                        ┌ 1
                    4 <─┤ 2  4通り
                        │ 3
                        └ 5

                        ┌ 1
                    5 <─┤ 2  4通り
                        │ 3
                        └ 4
```

樹形図より，できる2けたの整数は 5×4＝<u>20 通り</u>となる。

練習　樹形図（2）

3枚の100円玉を投げるとき，2枚が表で1枚が裏になる確率を求めてください。

> **ここがコツ**　3枚の100円玉に名前をつけて樹形図をかく

答と解説

3枚の100円玉にそれぞれA，B，Cと名前をつけて樹形図をかく。表をオ，裏をウと表す。

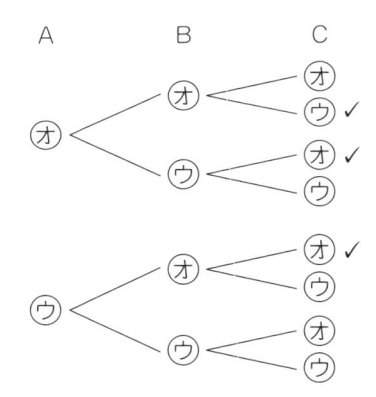

```
    A         B         C
              オ ──── オ
   オ ┬──── オ ┴──── ウ ✓
       └──── ウ ┬──── オ ✓
                 └──── ウ

              オ ──── オ ✓
   ウ ┬──── オ ┴──── ウ
       └──── ウ ┬──── オ
                 └──── ウ
```

樹形図より，2枚が表で1枚が裏になるのは3通り。
起こりうる場合の数は8通り。

よって，求める確率は $\dfrac{3}{8}$ となる。

実践　樹形図（2）

50円玉，10円玉，5円玉が1枚ずつあります。
この3枚を同時に投げるとき，表が出る硬貨の合計金額が50円以上になる確率を求めてください。

答と解説

50円，10円，5円をタイトルにして樹形図をかく。
表を㋔，裏を㋑と表す。

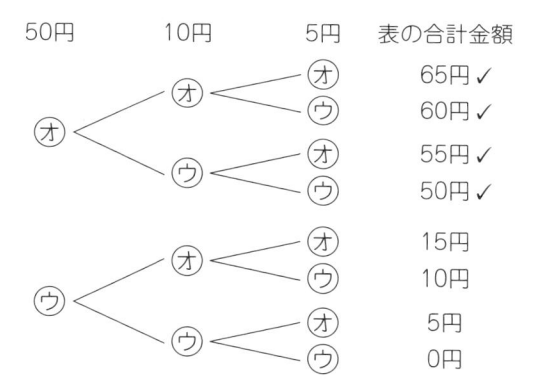

50円	10円	5円	表の合計金額
㋔	㋔	㋔	65円 ✓
		㋑	60円 ✓
	㋑	㋔	55円 ✓
		㋑	50円 ✓
㋑	㋔	㋔	15円
		㋑	10円
	㋑	㋔	5円
		㋑	0円

樹形図より，表が出る硬貨の合計金額が50円以上になるのは4通り。
起こりうる場合の数は8通り。

よって，求める確率は $\dfrac{4}{8} = \dfrac{1}{2}$ となる。

3時限目 いろいろな確率
6日目
~確率問題の応用編~

確率に慣れてきた頃なので、いろいろなバージョンの問題にチャレンジしましょう。ではさっそく問題です。

> 袋の中に赤球が4個と、青球が2個の合計6個の球が入っています。
> この袋の中から同時に2個の球をとり出すとき、2個がともに赤球である確率を求めてください。

2個を同時に……。
樹形図のタイトルがつけづらいし、
頭の中がゴチャゴチャしてきた……。

今回は1番目、2番目といった順番には関係なく、
2つを同時にとり出していますね。

4つの赤球を R_1～R_4、2つの青球を B_1、B_2 と表しましょう。
例えば、同時にとり出した2つの球が R_1 と R_2 のときでは、
R_1-R_2 と R_2-R_1 の2通りが考えられます。
しかし、これは2個を同時にとり出したときには区別が
つかないので、同じとみなします。

このため、R_1-R_2 と R_2-R_1 の2通りはダブリを消して、
R_1-R_2 の1通りとして数え上げる必要があります。

このことに注意して樹形図をかくと，
次のようになります。

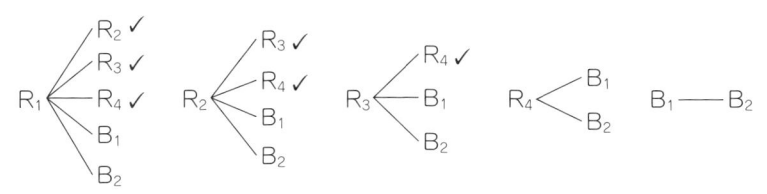

$R_1 \diagdown \begin{matrix} R_2 ✓ \\ R_3 ✓ \\ R_4 ✓ \\ B_1 \\ B_2 \end{matrix}$ $R_2 \diagdown \begin{matrix} R_3 ✓ \\ R_4 ✓ \\ B_1 \\ B_2 \end{matrix}$ $R_3 \diagdown \begin{matrix} R_4 ✓ \\ B_1 \\ B_2 \end{matrix}$ $R_4 \diagdown \begin{matrix} B_1 \\ B_2 \end{matrix}$ $B_1 \text{---} B_2$

2 個がともに赤球になっているのが 6 通り。
起こりうる場合の数が 15 通り。

だから求める確率は $\dfrac{6}{15} = \dfrac{2}{5}$ になるね。

その通りです。
このように問題によっては樹形図のかき方も
違ってくるので，問題文をよく読んで考える必要があります。

ちゃんと意味を考えて解かないと，
うっかりして間違えちゃいそう。
気をつけないと……。

練習　いろいろな確率（1）

5本のうち，3本の当たりが入っているクジがあります。この5本の中から同時に2本のクジを引くとき，ともに当たりである確率を求めてください。

ここがコツ　ダブリを消して樹形図をかく

答と解説

$\begin{cases} 3\text{本の当たりを当}_1,\text{当}_2,\text{当}_3 \\ 2\text{本のはずれをは}_1,\text{は}_2 \end{cases}$ と表して樹形図をかく

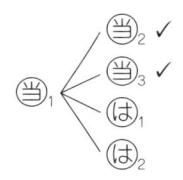

当₁ ─ 当₂ ✓
　　　 当₃ ✓
　　　 は₁
　　　 は₂

当₂ ─ 当₃ ✓
　　　 は₁
　　　 は₂

当₃ ─ は₁
　　　 は₂

は₁ ─ は₂

左の樹形図より，
ともに当たりであるのは3通り。
起こりうる場合の数は10通り。
よって，求める確率は $\dfrac{3}{10}$ となる。

実践　いろいろな確率（1）

[A][A][A][B][B][C]の6枚のカードを同時に2枚とり出すとき，2枚が同じアルファベットである確率を求めてください。

答と解説

それぞれのカードを A_1，A_2，A_3，B_1，B_2，C と表して樹形図をかく。

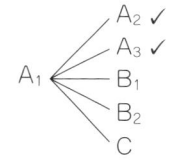

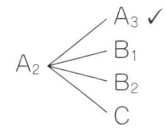

```
         A₂ ✓
         A₃ ✓
A₁ ──┬── B₁
         B₂
         C

         A₃ ✓
         B₁
A₂ ──┬── B₂
         C

         B₁
A₃ ──┬── B₂
         C

B₁ ──┬── B₂ ✓
         C

B₂ ─── C
```

左の樹形図より，
2枚が同じアルファベットであるのは4通り。
起こりうる場合の数は15通り。

よって，求める確率は $\dfrac{4}{15}$ となる。

練習 いろいろな確率（2）

大，小2つのサイコロを同時に投げるとき，
次の問に答えてください。
① 起こりうる場合の数は何通りですか。
② 出る目の数の和が8になる確率を求めてください。

ここがコツ サイコロ2つ → 6×6＝36通り

答と解説

① 出る目の数を（大，小）で表す。例）大が1，小が3のときは（1,3）

$$
6通り\begin{cases}
(1,1) \ (1,2) \ (1,3) \ (1,4) \ (1,5) \ (1,6) \\
(2,1) \ (2,2) \ (2,3) \ (2,4) \ (2,5) \ (2,6) \\
(3,1) \ (3,2) \ (3,3) \ (3,4) \ (3,5) \ (3,6) \\
(4,1) \ (4,2) \ (4,3) \ (4,4) \ (4,5) \ (4,6) \\
(5,1) \ (5,2) \ (5,3) \ (5,4) \ (5,5) \ (5,6) \\
(6,1) \ (6,2) \ (6,3) \ (6,4) \ (6,5) \ (6,6)
\end{cases}
$$

6通り

起こりうる場合の数は，6×6＝36通りとなる。

② 出る目の数の和が8になるのは，
（大，小）＝（2,6），（3,5），（4,4），（5,3），（6,2）の5通り。
起こりうる場合の数は36通り。

よって，求める確率は $\dfrac{5}{36}$ となる。

実践　いろいろな確率 (2)

大，小２つのサイコロを同時に投げるとき，
次の問に答えてください。
① 出る目の数の和が 6 になるのは何通りですか。
② 出る目の数の積が 12 になるのは何通りですか。
③ 出る目の数の積が 8 の倍数になる確率を求めてください。

答と解説

① 出る目の数の和が 6 になるのは，
（大，小）＝(1, 5)，(2, 4)，(3, 3)，(4, 2)，(5, 1) の 5 通り。

② 出る目の数の積が 12 になるのは
（大，小）＝(2, 6)，(3, 4)，(4, 3)，(6, 2) の 4 通り。

③ 出る目の数の積が 8 の倍数となるのは，
8，16，24 の 3 通りが考えられる。
- 出る目の数の積が 8 になるとき，
  （大，小）＝(2, 4)，(4, 2) の 2 通り。
- 出る目の数の積が 16 になるとき，
  （大，小）＝(4, 4) の 1 通り。
- 出る目の数の積が 24 になるとき，
  （大，小）＝(4, 6)，(6, 4) の 2 通り。

よって，出る目の数の積が 8 の倍数となるのは，
2＋1＋2＝5 通り。
起こりうる場合の数は 36 通り。
よって，求める確率は $\dfrac{5}{36}$ となる。

7日目

資料の散らばり・標本調査

気付いたら,部屋の中がグチャグチャになっていた……。やっぱり,整理整頓は大切ですよね。

それは,調査によって集めてきた「データ」についても同じことがいえます。
調査をして,ただ「データ」をかき集めるだけではグチャグチャになるだけで,全体の傾向をつかむことはできません。「データ」にも整理整頓が必要なのです。

そこで今回は,集めてきた「データ」を整理整頓するための方法を学びます。

7日目

1時限目 資料の整理

～ボクシングのように「階級で」分ける～

とうとう最後の1日になりました。
今日は「資料の整理」をやりましょう。
アンケートなど,「調査によって得られたデータを,わかりやすく整理していこう」という分野です。

例えばこの本の読者様20名にアンケートをとって年齢を調べたところ,次のようになったとします。

```
23, 15, 32, 48, 25, 14, 27, 44, 24, 51,
14, 31, 41, 15, 20, 19, 31, 29, 52, 33 (才)
```

このままだとバラバラで傾向がつかみにくいね。
どうにかして整理しなきゃ!

では,年齢を10才ごとの区間に分けて整理してみましょうか。
次のようになります。

年齢(才)	人数
以上　未満	
10〜20	5
20〜30	6
30〜40	4
40〜50	3
50〜60	2
合計	20

今回は年齢を10才ごとの区間に分けましたね。
この区間を階級といい，区間の幅を階級の幅といいます。
そして，それぞれの階数に入る資料の数を度数といいます。
人数が度数になりますね。
また，資料の「最大の値」から「最小の値」をひいたものを範囲といいます。今回の場合，範囲は，52－14＝38（才）となります。

階級ごとに分けていくって，ボクシングみたいだね。

そうですね。ボクシングでは体重がまさに階級になっています。
下の左表のように，階級と度数を書いて分布のようすをわかりやすくしたものを度数分布表といいます。
そして度数の分布を棒グラフで表したものをヒストグラムといいます。
また，度数の分布を折れ線で示したものが度数折れ線です。

階級（才）	度数（人）
以上　未満	
10～20	5
20～30	6
30～40	4
40～50	3
50～60	2
合計	20

度数分布表　　ヒストグラム 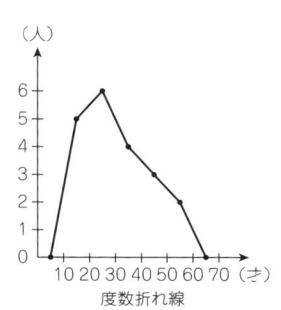　　度数折れ線

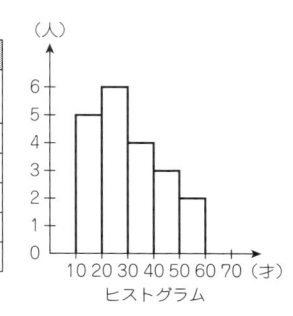

| 練習 | 度数分布表の利用 |

遼太くんのクラスで握力測定を行ったところ、次のようになりました。

21, 32, 17, 45, 24, 19, 38, 23, 41, 34,
39, 27, 42, 51, 19, 30, 21, 22, 40, 29 (kg)

① 分布の範囲を答えてください。
② 階級の幅を10kgにして、度数分布表をつくってください。

ここがコツ
範囲：(最大の値)-(最小の値)
階級：分けられた区間
度数：階級に入っている資料の個数

答と解説

① 最大の値は51、最小の値は17なので、
分布の範囲は、51-17=34 (kg)

② 階級ごとの人数を数えて表に記入する。

階級(kg) 以上　未満	度数(人)
10～20	3
20～30	7
30～40	5
40～50	4
50～60	1
合計	20

実践　度数分布表の利用

左の問で求めた度数分布表をもとにして，ヒストグラムをつくってください。

階級（kg）	度数（人）
以上　未満 10～20	3
20～30	7
30～40	5
40～50	4
50～60	1
合計	20

答と解説

度数の分布を棒グラフで表す。
$\begin{cases} \cdot 0～10 \\ \cdot 60～70 \end{cases}$
これら両端の度数は0とする。

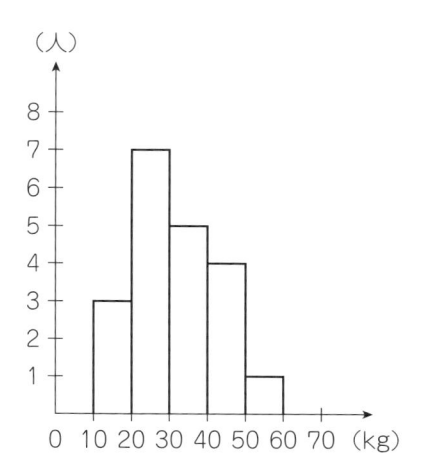

練習　度数折れ線の作成

遼太くんのクラスで握力測定で得た右のヒストグラムをもとに，度数折れ線をつくってください。

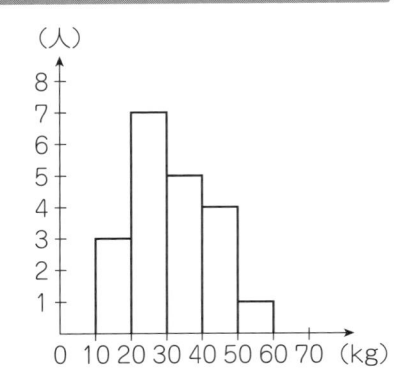

> **ここがコツ**　度数折れ線 { ・長方形の上の辺の中点を結ぶ
> ・両端の度数は 0 にする

答と解説

長方形の上の辺の中点を結び，両端の度数を 0 にする。

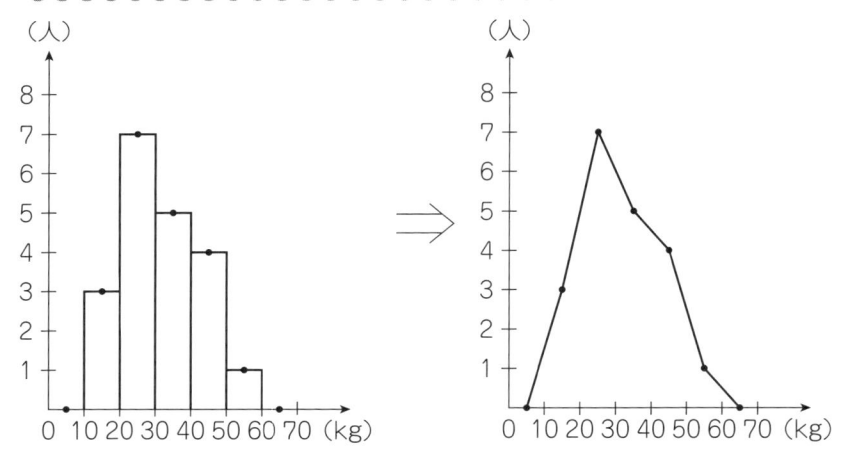

実践　度数折れ線の作成

A 中学校の生徒 23 人について通学時間を調べたところ，右の度数分布表ができました。

① ヒストグラムをつくってください。
② 度数折れ線をつくってください。

階級（分）	度数（人）
以上　未満 5〜10	2
10〜15	4
15〜20	6
20〜25	7
25〜30	4
合計	23

答と解説

① 度数の分布を棒グラフで表す。

$\begin{cases} 0〜5 \\ 30〜35 \end{cases}$

これら両端の度数は 0 にする。

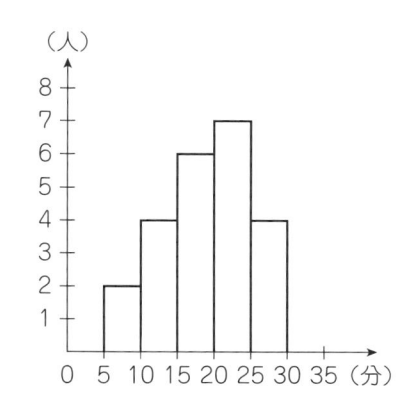

② 長方形の上の辺の中点を結び，両端の度数を 0 にする。

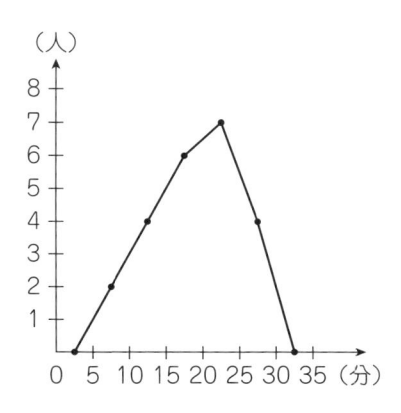

🤓 度数分布表について、少し補足説明があります。
先ほど学んだ階級や度数に加えて「相対度数」も扱えるようになると、より資料を整理しやすくなります。

😕 相対度数……。
相対ってことは、何かと何かを比べているのかな？

🤓 その通りです。
相対度数では「ある階級の度数」と「合計」を比べた割合のことで、次のようにして求めることができます。

相対度数＝(ある階級の度数)÷(度数の合計)

相対度数によって「(ある階級)が(全体の中)でどれだけ占めているのか」がわかるようになります。
下の度数分布表を使って、相対度数を出してみましょう。

階級（才）	度数（人）	相対度数
以上　未満 10〜20	5	0.25
20〜30	6	0.30
30〜40	4	0.20
40〜50	3	0.15
50〜60	2	0.10
合計	20	1.00

← 5÷20＝0.25
← 6÷20＝0.30
← 4÷20＝0.20
← 3÷20＝0.15
← 2÷20＝0.10

相対度数の合計は必ず1.00になる！

😊 全体を1にして，それぞれの階級が小数で表されるんだ！
こうすると，それぞれの階級が全体の中でどれだけ占めているか一目瞭然だね。

🧑‍🏫 そうですね。
相対度数は，複数の度数分布表を比較したいときによく使われていますよ。

そして，相対度数を使ったヒストグラムや度数折れ線は次のようになります。

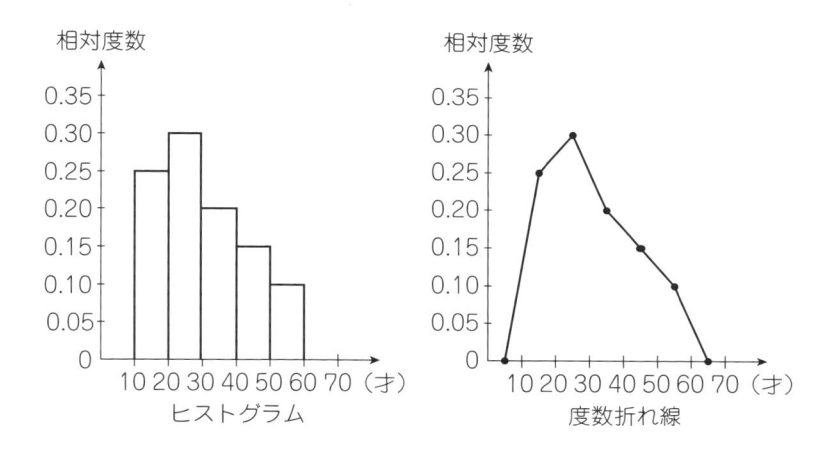

ヒストグラム

度数折れ線

2時限目 資料の代表値

7日目

〜全体の特徴をわかりやすく示してくれる〜

　私たちは普段，数多くの資料の中から「何か目安になるもの」が欲しいときには平均値をよく使いますね。

　うん，確かに！
平均年収，平均寿命，平均身長……。色んなところで聞く言葉だね。日本人は特に平均に敏感な気がするよ。
「平均＝合計÷個数」で求められるんだったよね。

　そうですね。
例えば遼太くんの友達9人に，昨日の夕食を食べるのにかかった時間を聞いたところ，次のようになったとしましょう。

24，33，47，39，25，29，43，36，48（分）

このとき，平均値は
$(24+33+47+39+25+29+43+36+48) \div 9 = 36$（分）
となりますね。

平均値のように，資料全体の特徴をわかりやすく示してくれる数値を代表値といいます。

代表値には平均値の他に,
メジアン（中央値），モード（最頻値）があります。
まずはメジアンから紹介します。

調べた資料を大きさの順番に並べたとき，ちょうど真ん中にくる値をメジアン（中央値）といいます。

全部で9つ
$\begin{bmatrix} 24 \\ 25 \\ 29 \\ 33 \end{bmatrix}$ 4つ
㊱ ← メジアン
$\begin{bmatrix} 39 \\ 43 \\ 47 \\ 48 \end{bmatrix}$ 4つ

次はモードについてですが，ここで再び度数分布表が登場してきます。階級の真ん中の値を階級値といい，「度数がもっとも多い階級の階級値」をモード（最頻値）といいます。
下の度数分布表を使って，モードを求めてみます。

階級（才）	階級値（才）	度数（人）
以上　未満 10〜20	15	5
20〜30	25	6	← もっとも多い
30〜40	35	4
40〜50	45	3
50〜60	55	2
合計		20

モードは25才となる

大きさの順番のちょうど真ん中がメジアンで，
一番数多くでてくる階級値がモードだね。
ちゃんと覚えとくよ！

練習　メジアン

遼太くんの友達 13 人に，昨晩の睡眠時間を尋ねたところ，次のようになりました。

8，6，7，9，6，7，4，5，7，8，4，7，6（時間）

資料を大きさの順に並べ，メジアンを求めてください。

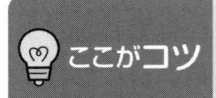

> **ここがコツ**　大きさの順番に並べたときの，真ん中の値
> （資料が偶数個のときは，真ん中 2 つの平均値をとる）

答と解説

全部で13人
- 4
- 4
- 5
- 6
- 6
- 6   ｝ 6人
- ⑦ ← メジアン
- 7
- 7
- 7
- 8
- 8
- 9   ｝ 6人

よって，メジアンは 7 時間 となる。

実践 メジアン

株式会社 A の社員 10 人の月収を調べたところ，次のようになりました。

21, 35, 40, 38, 24, 29, 51, 23, 45, 30 (万円)

資料を大きさの順に並べ，メジアンを求めてください。

答と解説

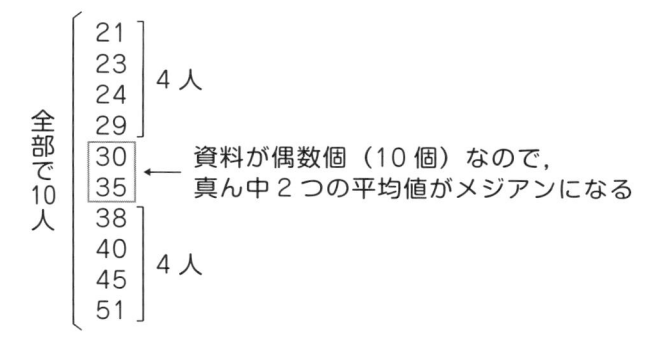

全部で10人
$\begin{cases} 21 \\ 23 \\ 24 \\ 29 \end{cases}$ 4人
$\begin{cases} \boxed{30} \\ \boxed{35} \end{cases}$ ← 資料が偶数個（10個）なので，真ん中2つの平均値がメジアンになる
$\begin{cases} 38 \\ 40 \\ 45 \\ 51 \end{cases}$ 4人

よって，メジアンは (30＋35)÷2＝<u>32.5 万円</u>となる。

| 練習 | モードの求め方 |

右の度数分布表は，ある学級の生徒の読書時間を表したものです。

これをもとにして，モードを求めてください。

階級（分）	度数（人）
以上　未満 10～20	2
20～30	4
30～40	5
40～50	9
50～60	7
合計	27

> **ここがコツ**
> 階級値：階級の真ん中の値
> モード：度数がもっとも多い階級の階級値

答と解説

度数がもっとも多い階級の階級値がモードになる。

階級（分）	階級値（分）	度数（人）
以上　未満 10～20	15	2
20～30	25	4
30～40	35	5
40～50	45	9
50～60	55	7
合計		27

← もっとも多い（40～50の行）

よって，モードは 45 分 となる。

実践　モードの求め方

株式会社 A の社員 10 人について通勤時間を調べたところ，次のようになりました。

45，32，51，35，27，53，48，15，38，24（分）

① 資料を大きさの順に並べ，メジアンを求めてください。
② モードを求めてください。

答と解説

①

全部で10人
- 15
- 24
- 27
- 32
}4人
- 35
- 38
- 45
- 48
- 51
- 53
}4人

← 資料が偶数個（10人）なので，真ん中2つの平均値がメジアンになる。

よってメジアンは (35＋38)÷2＝36.5 分となる。

②

度数がもっとも多い階級の階級値がモードになる。

右の度数分布表より，モードは 35分 となる。

階級（分）	階級値（分）	度数（人）
以上　未満 10〜20	15	1
20〜30	25	2
30〜40	35	3
40〜50	45	2
50〜60	55	2
合計		10

←もっとも多い

7日目　資料の散らばり・標本調査

3時限目 近似値と有効数字
7日目
〜数字が細かいときは，およその数が便利〜

資料の整理にも慣れてきたと思いますので，
次は近似値と有効数字に進みましょう！

小学校のとき「20÷3」を計算すると，商が 6.666…… となるため，わり切ることができませんでした。
こんなときには，小数第3位を四捨五入して商を 6.67 と求めたりしましたね。

そうそう！
四捨五入して「およその数」を求めたよね。

このように，真の値ではないけれども，それに近い値を「近似値」といいます。そして（近似値）から（真の値）をひいたものを「誤差」といいます。

じゃあ僕の身長 162.7cm の近似値を 163cm だとすると，
誤差は，163 − 162.7 = 0.3cm となるんだね。

その通りです，遼太くん。
では次に有効数字を紹介しましょう。

遼太くんの家から駅までの距離を測ると，実際は1124m ありましたが，ここで十の位未満を四捨五入して1120m とみなします。
すると1120m の千の位，百の位，十の位の数字1, 1, 2 は信頼できますが，一の位の数字0 は近似なので厳密には信頼することができませんね。

この1, 1, 2 のように，信頼できる数字を「有効数字」といいます。

ただ，1120m をパッと見ただけでは「どこまでが有効数字なのか」がわかりませんよね。
これをハッキリわかりやすくするため，
(整数部分が1けたの数)×(10の累乗)
の形で表します。

$$1120 = 1.12 \times 1000$$
$$= 1.12 \times 10^3$$

そっか！
(整数部分が1けたの数)×(10の累乗)で表すと，
有効数字が1, 1, 2 だとすぐにわかるね！

| 練習 | 近似値と誤差 |

ある数 a を小数第 2 位で四捨五入すると，近似値は 14.8 になりました。
① a の範囲を求めてください。
② 誤差の絶対値は大きくてもどれくらいになりますか。

ここがコツ （誤差）＝（近似値）－（真の値）

答と解説 小数第 2 位を四捨五入して 14.8 になるものを書いてみる

①

```
                     小数第 2 位で四捨五入
   14.74  ──────────────→  14.7   ×
 ⎡ 14.75  ──────────────→  14.8   ○ ⎤
 ⎢ 14.76  ──────────────→  14.8   ○ ⎥
 ⎢   ⋮                       ⋮    ⋮  ⎥
 ⎣ 14.84  ──────────────→  14.8   ○ ⎦
   14.85  ──────────────→  14.9   ×
```

よって，a の範囲は 14.75 以上 14.85 未満になる。
つまり，$\underline{14.75 \leqq a < 14.85}$ となる。

② $14.75 \leqq a < 14.85$ より，a がもっとも小さい 14.75 のときを考えると，
（誤差）＝（近似値）－（真の値）
　　　＝　14.8　－　14.75
　　　＝　0.05
よって，誤差の絶対値は大きくても $\underline{0.05}$ になる。

実践　近似値と誤差

ある数 a を 6 でわり，商を小数第 2 位で四捨五入すると 3.1 になりました。
このとき，a の範囲を求めてください。

答と解説　小数第 2 位を四捨五入して 3.1 になるものを書いてみる

```
         小数第2位を四捨五入
  3.04  ─────────────→  3.0   ×
[ 3.05  ─────────────→  3.1   ○
  3.06  ─────────────→  3.1   ○
   ⋮                     ⋮    ⋮
  3.14  ─────────────→  3.1   ○ ]
  3.15  ─────────────→  3.2   ×
```

ある数 a を 6 でわったものは $a \div 6 = \dfrac{a}{6}$ と表されるので，$\dfrac{a}{6}$ の範囲は 3.05 以上 3.15 未満になる。

つまり，$3.05 \leqq \dfrac{a}{6} < 3.15$

これを 6 倍して，$\underline{18.3 \leqq a < 18.9}$ となる。

| 練習 | 有効数字 |

A町からB町までの距離 a m を測定し，10m 未満を四捨五入すると 3750m となりました。

① この近似値の有効数字を答えてください。
② A町からB町までの距離 a m の範囲を求めてください。

ここがコツ
有効数字
⇒ （整数部分が1けたの数）×（10の累乗）で表す

答と解説

① a m の 10m 未満，つまり一の位を四捨五入しているので，有効数字は千の位，百の位，十の位となる。
よって，有効数字は，3，7，5 となる。

② 10m 未満を四捨五入して 3750m になるものを書いてみる

```
        10m未満を四捨五入
 3744  ──────────→  3740   ×
⎡3745  ──────────→  3750   ○⎤
⎢3746  ──────────→  3750   ○⎥
⎢ ⋮                   ⋮    ⋮⎥
⎣3754  ──────────→  3750   ○⎦
 3755  ──────────→  3760   ×
```

よって，a は 3745 以上 3755 未満となる。
つまり，$3745 \leq a < 3755$ となる。

| 実践 | 有効数字 |

A 町から B 町までの距離 am を測定し，10m 未満を四捨五入すると 4800m となりました。

① 有効数字を答えてください。
② 測定結果を（整数部分が 1 けたの数）×（10 の累乗）で表してください。

答と解説

① am の 10m 未満，つまり一の位を四捨五入しているので，有効数字は千の位，百の位，十の位となる。
よって，4，8，0 が有効数字となる。

② 千の位，百の位，十の位の 4，8，0 が有効数字なので，
$4800 = 4.80 \times 1000$
$ = 4.80 \times 10^3$

※ 4.8×10^3 とするのは間違い。
十の位の $\boxed{0}$ も有効数字なので，$4.8\boxed{0} \times 10^3$ としなければならないことに注意する。

7日目
4時限目

標本調査と全数調査

〜一部だけをとり出して，全体を類推する〜

👨‍🏫 この時間は標本調査の考え方を紹介しますね。

🧒 標本……。
チョウや植物を集めてくる，あの標本??

👨‍🏫 標本というと，理科室にあるようなチョウや植物をイメージしてしまいますね。
数学でいう 標本調査 とは，
「全体の中から一部だけをとり出して，そこから全体の傾向を類推する調査」のことを指します。

身近な例でいうなら，
テレビの視聴率調査が標本調査に当たります。

🧒 そっか！
地域の世帯を1件1件全部は調べていないけど，
一部の調査結果で全体を類推しているから標本調査なんだ。

その通りです，遼太くん。
そして，標本調査の調査対象には，かたよりが生じないようにする必要があるのです。

例えば 20 代の人たちだけを対象に選んで調べてしまうと，結果はかたよってしまいますよね。
なので，調査対象はランダムに選び出さなければなりません。
このことを「無作為に抽出する」といいます。

なるほど〜。
特定の人たちだけにかたよらないように，調査対象はランダムに選び出す必要があるんだね。

一方，調査の対象をすべて調べていくのが「全数調査」です。
例えば，遼太くんの中学校で行われている身体測定が全数調査になります。

身体測定は 1 人 1 人きっちり測っているもんね。
標本調査と全数調査の違いがわかったよ！
さっそく問題を出してよ，先生。

練習　標本調査と全数調査

次の調査は全数調査，標本調査のどちらになるか答えてください。

① 内閣支持率調査
② 学校の体力測定
③ 工場での乾電池の品質調査

> **ここがコツ**
> 標本調査：対象の一部だけを調べて，全体を推測
> 全数調査：対象すべてを調べる

答と解説

①
　対象者の一部に対して行われているので，標本調査。

②
　生徒全員に対して測定しているので，全数調査。

③
　一部の製品を調べて全体の品質を推測しているので，標本調査。

実践　標本調査と全数調査

次の調査は全数調査,標本調査のどちらがふさわしいでしょうか。理由も含めて答えてください。

① 就職活動での入社試験
② 工場での,薬品の品質検査
③ 学校のクラスで行われる点呼

答と解説

①

入社試験では1人1人の人物をしっかり判断して採用を決めなければならないので,全数調査がふさわしい。

②

すべての薬品を検査すると,コストがかかりすぎるため,
一部だけをとり出して全体を類推する方がよい。
このため,標本調査がふさわしい。

③

一部の生徒だけに対して点呼をしても意味がない。
そのため,クラス全員に対して行う全数調査がふさわしい。

7日目 5時限目 標本調査の活用

~割合計算によって，全体を類推する~

では実際に，標本調査の詳細を見ていきましょう。

標本調査をするとき，傾向を知りたい対象全体を母集団といいます。
そして，母集団の中から無作為に選び出された一部を標本といい，選び出した数を標本の大きさといいます。

じゃあ例えば，
僕が通う中学校の2年生全員から無作為に60人を選んで標本調査をすると，

- 母集団：中学校2年生全員
- 標本：無作為に選ばれた60人
- 標本の大きさ：60

となるね。

そうですね。
次に，標本調査によって全体の傾向をつかむための計算を紹介します。

遼太くんの通う中学校には2年生が全員で300人います。この中から無作為に60人を選び，「昨晩，1時間以上勉強した生徒の人数」を調べたところ，35人が該当しました。

このとき，2年生全体では，昨晩1時間以上勉強した生徒は何人いると考えられますか。

> 2年生の中から無作為に抽出された生徒は60人で，そのうち昨晩1時間以上勉強していた人の割合は
> $$\frac{35}{60} = \frac{7}{12}$$
> したがって，2年生全体で，昨晩1時間以上勉強していた生徒は，およそ
> $$300 \times \frac{7}{12} = 175 人$$
> およそ <u>175人</u> となる。

なるほど〜。
割合を使って，全体の数を類推することができるんだね。

練習　母集団と標本の大きさ

A中学校の生徒全員の中から200人を選び出してアンケートをしました。
このとき，次の質問に答えてください。

① 母集団を答えてください。
② 標本の大きさを答えてください。

ここがコツ
母集団：傾向を知りたい集団の全体
標本：母集団から選び出された一部

答と解説

①
傾向を知りたい集団全体は，A中学校の生徒全員である。
よって，母集団は A中学校の生徒全員 となる。

②
母集団の中から200人が選び出されているので，
標本の大きさは 200 となる。

実践　母集団と標本の大きさ

ある町の有権者の中から，5000人を選び出して世論調査を行いました。このとき，次の質問に答えてください。

① 母集団を答えてください。
② 標本と，標本の大きさを答えてください。

答と解説

①
傾向を知りたい集団の全体は，ある町の有権者である。
よって，母集団は<u>ある町の有権者</u>となる。

②
母集団の中から5000人が選び出されているので，
標本：<u>選び出された有権者</u>
標本の大きさ：<u>5000</u>

練習 　**標本調査の活用**

白と黒の2種類の球が全部で500個入っている箱から，70個の球を無作為に抽出すると，白球が14個ありました。

この箱の中には，およそ何個の白球が入っていると考えられるでしょうか。

> 💡 **ここがコツ**　標本の割合が全体の割合と等しいと考え，割合計算を利用し，全体を類推する

答と解説

箱の中から無作為に抽出された70個のうち，白球の割合は，

$$\frac{14}{70} = \frac{1}{5}$$

したがって，箱の中全体に入っている白球の数は，およそ

$$500 \times \frac{1}{5} = 100 \text{ 個となる。}$$

<u>およそ100個</u>

実践　標本調査の活用

Aさんは，ある池の中にいる鯉の数を調べるために，標本調査をしました。

池の中にいる鯉を 50 匹捕まえて，全部に印をつけて元の池に戻しました。3 日後，再び鯉を 80 匹捕まえると，印のついた鯉がその中に 32 匹いました。この池の中には，全部でおよそ何匹の鯉がいると考えられますか。

答と解説

池全体にいる鯉を x 匹とおくと，全体のうち，印がつけられた 50 匹の鯉の割合は，

$$\frac{50}{x}$$

また，再び鯉を 80 匹捕まえたところ，印のついた鯉が 32 匹いたので，印のついた鯉の割合は，

$$\frac{32}{80} = \frac{2}{5}$$

これらの 2 つの割合が等しいと考えて，

$$\frac{50}{x} = \frac{2}{5}$$
$$2x = 250$$
$$x = 125$$

よって，池の中に鯉がおよそ 125 匹いると考えられる。

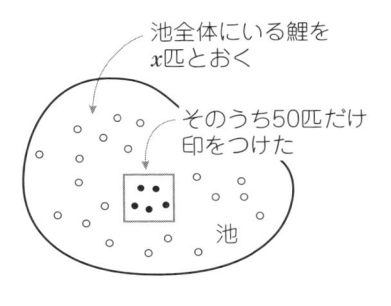

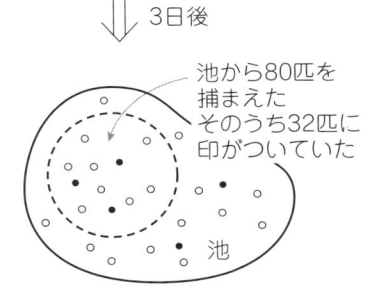

おわりに

中学3年分の数学復習7日間の旅，お疲れ様でした！

最初はかなりの問題量をイメージしていたかもしれませんが，7日間で分割することで無理なくこなせたかと思います。

ただ，本書を1回終えただけでは十分とはいえません。何度も何度も，くり返し学ぶことをオススメします。人間は誰でも，ある程度の期間をおくと解き方を忘れてしまうものですから。くり返して学んでいくうちに，ようやく中学数学の全体像をつかめるようになります。

「何度も何度もくり返す」＋「全体像を把握する」

受験勉強はもちろんのこと，大人になってからの勉強においても，この2点が学びのカギを握ります。
是非とも，2回目，3回目にもチャレンジしてみて下さい。

本書を入り口に数学への関心が深まれば，著者として望外の喜びです。
最後までお読みいただき，ありがとうございました。

2013年7月　立田奨

■著者略歴
立田 奨（たつた しょう）

教育コンサルタント。
学習塾「個別指導ネイバー」代表。

1980年大阪府生まれ。大阪府立大学卒業後、大阪府立大学大学院に進学。
「学びは本来楽しいもの」をモットーに、子どもたちが楽しく学びに取り組めるよう、「難解なものを、やさしくシンプルに伝える学習指導」に心血を注いでいる。テストの点が平均23点で伸び悩んでいた生徒を平均87点にまで伸ばすなど、10年以上にわたる指導経験から勉強の苦手克服メカニズムを熟知している。加えて、わが子の教育に悩みを抱える保護者を対象にした教育指導に関する講演活動にも定評がある。

◇著書
『塾に行かずに子どもの算数嫌いが直る本』（ぱる出版）
『世界は数学でできている』（洋泉社）

◇著者からのメッセージ
本書の感想・ご意見を、ぜひお聞かせ下さい。
直接お返事できないかもしれませんが、いただいたメッセージは全て読ませていただきます。勉強の悩みに関する講演も承っております。

個別指導ネイバー
⇒ http://www.n-kobetsu.com
ご感想・お問い合わせはこちらまで
⇒ tatsuta@n-kobetsu.com

本書の内容に関するお問い合わせ
明日香出版社　編集部
☎ (03) 5395-7651

中学3年分の数学が1週間でいとも簡単に解けるようになる本

| 2013年　7月25日　初版発行 | 著　者　立　田　奨 |
| 2016年　6月29日　第12刷発行 | 発行者　石　野　栄　一 |

明日香出版社

〒112-0005 東京都文京区水道2-11-5
電話 (03) 5395-7650（代表）
(03) 5395-7654（FAX）
郵便振替 00150-6-183481
http://www.asuka-g.co.jp

■スタッフ■　編集　早川朋子／久松圭祐／藤田知子／古川創一／大久保遥
　　　　　　　営業　小林勝／奥本達哉／浜田充弘／渡辺久夫／平戸基之／野口優／横尾一樹／田中裕也／関山美保子　総務経理　藤本さやか

印刷　美研プリンティング株式会社
製本　根本製本株式会社
ISBN 978-4-7569-1631-0 C2041

本書のコピー、スキャン、デジタル化等の無断複製は著作権法上で禁じられています。
乱丁本・落丁本はお取り替え致します。
©Sho Tatsuta 2013 Printed in Japan
編集担当　田中　裕也

たったの10問で
みるみる解ける中学数学

西口　正

10問集中ユニットを集中してくり返し練習することで、ひとつひとつのテーマを徹底的に身に付け、理解力を高められます。応用問題などに対応するための数学の底力がつきます。

本体価格 1100 円＋税　B5 並製　112 ページ
ISBN978-4-7569-1561-0　2012/08 発行

たったの10問で中学数学のつまずきやすいところがみるみるわかる

間地　秀三

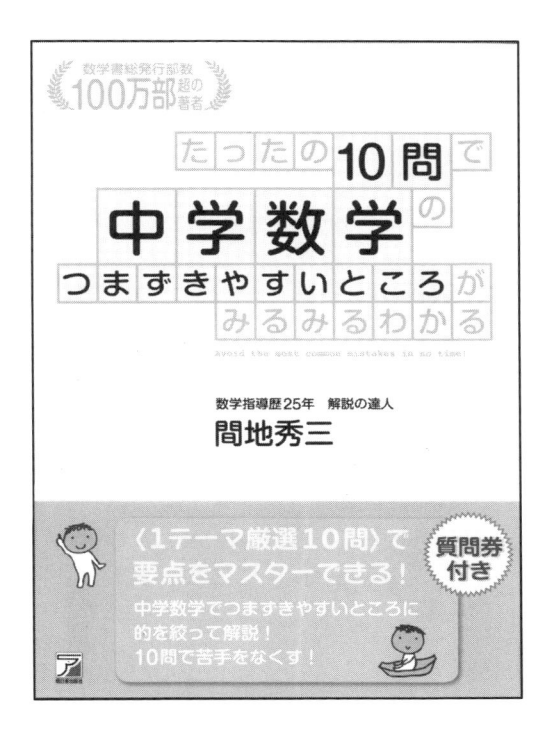

中学数学でわからなくなるところ、つまずきやすいところに的を絞ってわかりやすく解説。1テーマ10問ずつ解いていくことで、集中力を切らさずに継続でき、間違いやすいポイントを克服できる。

本体価格1300円＋税　B5判　128ページ
ISBN978-4-7569-1627-3　2013/06 発行

小学6年分の算数が
面白いほど解ける65のルール

間地　秀三

小学校で習う算数の大事なポイントを 65 のルールでおさえていきます。わかりやすいイラストと、解き方を示すルールで、算数が苦手なお子さんはもちろん大人のやり直しとしても最適な 1 冊です！

本体価格 1100 円＋税　B6 並製　232 ページ
ISBN978-4-7569-1446-0　2011/03 発行

中学3年分の数学が
面白いほど解ける65のルール

平山　雅康

中学数学で大事なところを、落ちこぼれを救ってきた著者のノウハウ、解き方のコツをルール形式でわかりやすく解説。数学が苦手な学生さん、また大人のやり直し数学に！

本体価格 1200 円＋税　B6 並製　248 ページ
ISBN978-4-7569-1484-2　2011/08 発行

中学3年分の物理・化学が
面白いほど解ける65のルール

左巻　健男

光と音、水溶液、化学変化、電流、イオン、エネルギーなど学生時代に苦手だった人も多いであろう物理・化学をたっぷりのイラストと左巻先生のわかりやすい解説でまとめました。中学生の復習に、大人のやりなおしに役立つ1冊です！

本体価格1100円＋税　B6並製　240ページ
ISBN978-4-7569-1479-8　2011/07発行